Gestão de Projeto com Oracle Primavera P6

Luís Quintino ©

Contactos:

Rua Cidade de Leiria, 1, R/C E,
2900-305 SETÚBAL – Portugal
lquintino@enfase.pt
tel. +351 917 500 828

Luís Quintino

Introdução

Esta contribuição tem o objetivo apresentar e documentar a gestores de projeto que, por obrigação profissional, tenham de usar o Oracle Primavera P6 Professional como ferramenta de controlo de projeto, um processo geral e algo ilustrado para dominarem as suas responsabilidades. Este processo decorre das boas práticas que recolhi nos projetos que acompasnheia e para o qual fornecemos as ferramentas de software e muitas vezes também serviços.

O trabalho é desenvolvido seguindo o ciclo de vida de projeto e tentei torná-lo o mais abrangente possível para poder ser usado com diferentes 'guidelines' de projeto.

Durante o seu desenvolvimento trabalho verifiquei que aos destinatários seria mais importante perceber para quê e como funcionavam algumas das funcionalidades avançadas do P6, dentro do processo normal de trabalho do que os detalhes do processo. Assim, introduzi um conjunto de funcionalidades e a forma como serão usadas, mas o propósito não é ser exaustivo, para isso existem os manuais, queremos antes aguçar a curiosidade e abrir caminhos de exploração. Recomendo que recorram ao manual online sempre que necessário.

Inserimos um anexo sobre gestão de reclamações que com o P6 tem uma ferramenta adequada de documentar.

Aguardo as vossas questões, contribuições ou dúvidas.

Conteúdo

Planear o Projeto

O grande desafio na gestão de projeto nos nossos dias e no uso de uma ferramenta de gestão do projeto é o da criação, manutenção e atualização rigorosa do respetivo plano e manter a sua atualização ao longo da execução. Não é só uma questão de qual a ferramenta a utilizar, tem de ser aquela que nos dá a capacidade de realizar o trabalho. Por vezes, o Primavera P6 é mesmo indicado pelo cliente.

Para realizar o trabalho com Oracle Primavera P6 o planeador deve conhecer as metodologias de gestão de projeto, compreender como utilizar com mais eficiência a ferramenta de software e esforçar-se para concluir os projetos em tempo e no custo orçamentado, documentar e registar todas as atividades, recolher a documentação necessária ao projeto. Um utilizador recente ou inexperiente pode ficar submerso no esforço para manter o plano atualizado usando as funcionalidades avançadas do P6, entretanto, esse é só trabalho dedicado.

Vamos percorrer neste livro as fases de Preparação, Planeamento e Execução do projeto. Estas não correspondem, de facto, a fases de uma metodologia de ciclo de vida mas aderem com maior rigor ao trabalho em projeto.

COMPREENDER O CONTRATO E OS REQUISITOS DA ESPECIFICAÇÃO

O planeador deve, em primeiro lugar, compreender o contrato e os requisitos da especificação no processo de planeamento e, posteriormente, no de atualização do plano. Estes documentos de contrato devem usualmente definir a frequência das atualizações, os procedimentos para atualizações, o processo a adotar relativamente a revisões, requisitos de valor ganho, requisitos de status de custo e /ou recursos e procedimentos de gestão da mudança, etc. Pode ainda haver procedimentos de planeamento definidos pelo cliente ou adotados pelo contrato, como FIDIC.

O programa de trabalhos inicia-se pela elaboração de um plano de alto nível que incluirá a abordagem técnica do projeto e a WBS correspondente aos resultados ou produtos a entregar ao cliente, dono da obra, etc. Este plano corresponderá ao plano de âmbito do projeto e fará parte integrante dos documentos do projeto e é também denominado de plano de nível 0. Segue de forma natural o detalhe imediato dos grandes propósitos do contrato em termos de Engenharia ou Desenho, Procurement e Construção ou Implementação..

A construção da WBS decompõe o produto final em sucessivos níveis mais avançados de detalhe até ser alcançado um nível adequado para o controlo de gestão. Esta decomposição em elementos mais pequenos, permite planear e programar as atividades e atribuir responsabilidades pelo trabalho. É ainda essencial para o estabelecimento de uma baseline confiável do plano.

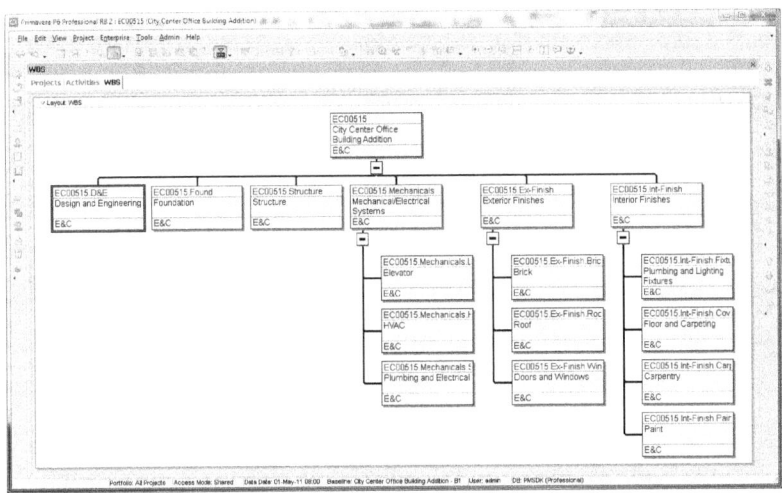

Ilustração 1 - Visão Geral do Contrato - a WBS

Estes documentos podem ainda requerer a utilização de outro software específico que não cabe nesta apresentação, designadamente, para estimação. Nesse caso deve procurar-se compatibilizar as abordagens da estimação com as de resultados do projeto com o propósito de estabelecer um dicionário comum de projeto.

REGRAS PARA BOM PLANEAMENTO

A fundação para o trabalho de planeamento TEM DE ASSENTAR em:

1. Definição clara do âmbito do trabalho tipicamente fornecida com o desenho de uma detalhada Work Breakdown Structure (WBS).

2. Conhecimento avançado da produtividade interna da organização e da sua capacidade (competências das equipas, capacidade externa versus externa, taxas de produtividade dos recursos, durações de construção / fabricação, tempos de realização médios, etc.).

3. Identificação dos impactos do risco relativos ao plano do projeto.

4. Possuir um conhecimento exato de como as atividades requeridas pelo âmbito de trabalho devem ser realizadas, incluindo a sequência e interdependência (predecessores e sucessores). Este é, usualmente, um processo iterativo.

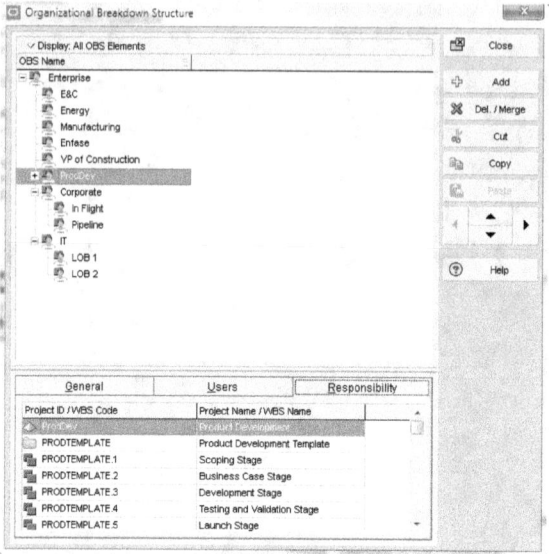

Ilustração 2 - Organizational Breakdown Structure

5. Sólida compreensão do tempo e dos recursos requeridos para completar o âmbito do trabalho.

Agendamento do plano

O agendamento do plano pode então ser realizado com o processo que passo a descrever:

1. Reveja a WBS do projeto e consulte a Equipa do Projeto e todos os peritos (SME) necessários, para poder detalhar o trabalho a realizar para o cliente.

2. Utilize um software de planeamento adequado para desenvolver as atividades para as quais use nomes descritivos (verbo e substantivo que definam o trabalho abrangido) com o detalhe necessário para refletir o progresso.

3. Desenvolva as durações das atividades (de forma consistente com as estimativas do projeto e / ou com base em dados históricos) com as datas previstas de início e fim.

4. Identifique e crie as interdependências necessárias entre as atividades (relações) com base nos requisitos de sequenciação.

Só podem existir duas atividades sem ligações num projeto, um predecessor e um sucessor – o princípio e o fim. Todas as outras atividades têm de ter pelo menos um predecessor e um sucessor.

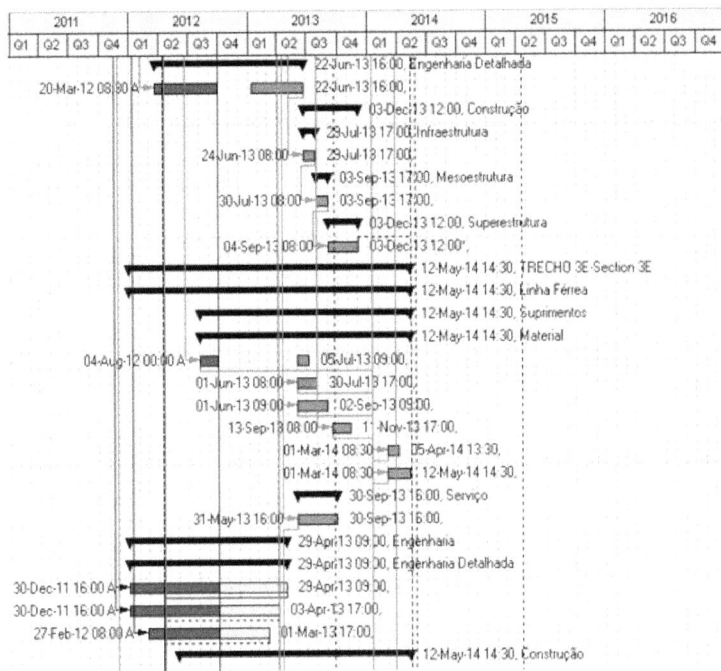

Ilustração 3 - Schedule e ligações num projeto

5. Identifique e implemente os constrangimentos necessários e documentando-os.

6. Calcule o projeto com o software usado para determinar a sua duração e data de conclusão.

7. Analise o caminho mais longo (caminho crítico) e outros caminhos paralelos para confirmar a sua validade. Ajuste o que for necessário e corrija quaisquer erros como open end (atividades sem predecessores ou sucessores).

8. Identifique as áreas mais preocupantes dentro do projeto como intervalos (períodos de inatividade) entre atividades, durações das atividades maiores do que o período de reporting (normalmente um mês ou 20 dias úteis) e erros na sequenciação das atividades. Ajuste se necessário e volte a calcular o Schedule.

9. Reveja o Schedule em reunião com a equipa de projeto e com a gestão para obter a aprovação.

10. Guarde uma cópia do plano aprovado e torne-a a base de comparação (baseline) para implementar a gestão e controlo da mudança.

11. Desenvolva a documentação necessária como o Documento Base de projeto e o Registo de Controlo das Mudanças.

Este processo pode ser usado para determinar a validade e incrementar a segurança das estimativas e como ferramenta permitirá confirmar se todo o âmbito foi bem capturado e sequenciado. Permitirá conduzir o plano através dos diversos níveis de desenvolvimento até à aceitação ou aprovação do baseline pelo cliente.

O plano poderá depois ser usado com segurança para medir a produtividade e o progresso do trabalho de forma regular até à sua conclusão.

DETERMINAR A FREQUÊNCIA DA ACTUALIZAÇÃO

Para registar e medir o progresso do projeto com efetividade deve ser definida qual a regularidade da sua atualização.

Esta definição da atualização pode ser influenciada, pela exigência do cliente, pelas políticas internas da companhia, constrangimentos do orçamento do projeto e uso da aplicação de software. O registo e reporte da execução do projeto é usualmente mensal.

A manutenção de registos mais frequentes (por exemplo, à semana) relativamente ao processo de execução conforme o projeto vai sendo construído (baseado na atualização requerida da performance periódica) estabelece um maior rigor da documentação, promove a resolução / mitigação atempada de questões, incrementa as competências dos utilizadores quer no uso do P6, quer na gestão do projetos e oferece um ponto de partida a que se pode sempre regressar se forem realizados erros no processo de atualização.

Independentemente da frequência da atualização, o estabelecimento de um período semana / mês permite usar e desenvolver o uso da funcionalidade do P6 com a utilização de Layouts de registo e ferramentas de Reporting bem como de filtros pré-definidos com base nas datas de execução e da Data Date, ou outras condições.

ATRIBUIR RESPONSABILIDADE A CADA ACTIVIDADE

A execução do projeto é um trabalho muito importante pois garante a realização pelo empreiteiro e os resultados esperados para o cliente é de grande responsabilidade. Devem ser atribuídas funções específicas e responsabilidades para rever e medir a performance do projeto de cada WBS e cada atividade.

Durante o processo de desenvolvimento do plano, o planeador deve atribuir a responsabilidade de cada atividade no plano a uma estrutura previamente definida de controlo e gestão do plano. No Primavera P6 isto é realizado através da utilização de uma estrutura de controlo do projeto a alto nível – a OBS (Organizational Breakdown Structure) de que falamos a seguir quando tratamos dos acessos de segurança que assentam nela e através da criação de um conjunto de Códigos de Atividade (Activity Codes).

Com a utilização de um código de atividade de responsabilidade o planeador pode agrupar de forma muito flexível o progresso da atividade por especialidade ou equipa ou local e ou indivíduo que realiza ou está responsável pelo trabalho. Cada parte responsável pode (através da utilização de filtros ou layouts) rever o relatório do progresso do trabalho e planear com efetividade para o subsequente grupo de atividades. O planeador pode também identificar com mais facilidade questões potenciais e mitigar riscos que afetem os fatores de performance.

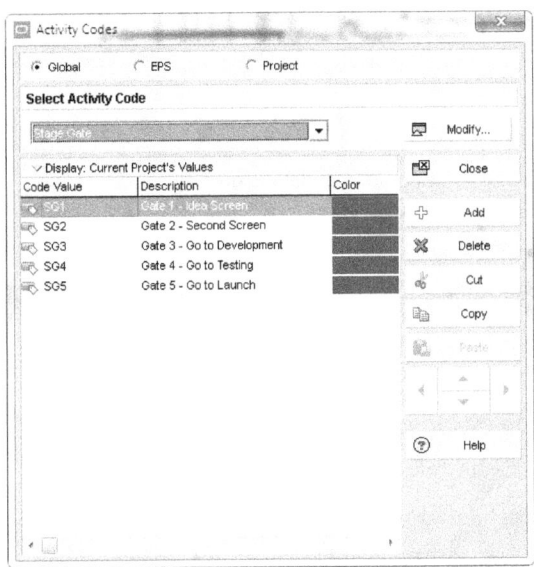

Ilustração 4 - Os Códigos de Atividade

Os códigos de atividade podem ser globais (para toda a empresa), da estrutura de projetos (EPS) ou para o projeto. Recomenda-se a utilização de códigos específicos para projeto para evitar a corrupção de quaisquer outros projetos na base de dados da empresa. A atribuição de códigos por EPS facilita a configuração consistente de grupos de projetos por áreas de função ou por contrato / programa. Só pode ser atribuído a cada atividade um tipo de valor de cada código de atividade. Os códigos de EPS só devem ser usados se partilhamos o projeto entre utilizadores na mesma base de dados.

Outra opção para o acompanhamento da responsabilidade é atribuir um recurso a cada atividade com base na especialidade ou equipa ou indivíduo; contudo deve notar que os Recursos são, também, sempre globais. Ao contrário dos códigos de atividade que podem ser atribuídos às atividades com recursos múltiplos.

Role	Resource ID Name	Budgeted Units	geted Units / Time	Original Duration	Budgeted Cost	Actual Units	Remaining Units	Remaining Units / Time	Cost Account
Civil/Structural Crews	IrnWrk.Ironworker	192	8/d	24	€7,283.35	0	192	8/d	00800
Civil/Structural Crews	IrnWrk.Ironworker	192	8/d	24	€7,283.35	0	192	8/d	00800
Civil/Structural Crews	Operator.Operator	192	8/d	24	€7,945.47	0	192	8/d	00800
Civil/Structural Crews	Operator.Operator	192	8/d	24	€7,945.47	0	192	8/d	00800
Civil/Structural Crews	RCarp.Rough Carpent	192	8/d	24	€5,959.10	0	192	8/d	00800
Civil/Structural Crews	RCarp.Rough Carpent	192	8/d	24	€5,959.10	0	192	8/d	00800

(Activity EC1340 — Form/Pour Concrete Footings — Project)

Ilustração 5 - Recursos para acompanhar a responsabilidade

Deve notar-se, ainda, que é possível listar as actividades por código de actividade através do Group and Sort, contudo o agrupamento por recurso não é uma função possível na janela de actividades sendo só disponível na janela de Assignements.

REALIZAÇÃO DE FORMAÇÃO

O planeador deve fornecer formação e/ou informação adequada a cada parte responsável, tal como Engenharia, Produção, Gestão, etc., para garantir que todos compreendem a respetiva função no processo de atualização. A formação deve incluir detalhes sobre: como atualizar o plano, como rever o plano e como adicionar notas para a gestão da mudança.

O plano base deve incluir uma descrição de como será medida a performance de controlo do projeto que tipo de layouts, que relatórios e como é avaliada, no que respeita ao plano, incluindo regras para acumular progresso e procedimentos para avaliar o progresso e prever as durações remanescentes.

Esta formação sobre o processo de acompanhamento deve fornecer uma compreensão sobre os relatórios de atualização (isto é, programas com intervalos curtos com base na atualização anterior, denominados em contratos internacionais 'Look-ahead') e qual a informação requerida de cada indivíduo para completar estes relatórios (isto é, por exemplo, duração remanescente da atividade / percentagem de conclusão e impactos e mitigações).

MODO PROJECTO SIMPLES VERSUS MODO MULTIPROJECTO

Nas fases iniciais, com o Oracle Primavera P6, podemos optar por várias hipóteses de desenvolvimento do projeto, nomeadamente para concentrar todo o âmbito num mesmo plano, para separar as responsabilidades para permitir melhor controlo do projeto. Este debate pode conduzir a optar por ter um ou vários projetos.

Estamos em modo de projeto singular quando abrimos um único projeto. Quando é aberta uma EPS contendo um ou mais projetos ou quando simplesmente se abre dois ou mais projetos simultaneamente estamos em modo multiprojeto. O uso de multiprojeto é por vezes utilizado em grandes projetos com divisões do trabalho por vários empreiteiros para garantir o controlo por parte do dono da obra ou do empreiteiro-geral.

Muitas das funcionalidades da ferramenta trabalham do mesmo modo quer em projeto singular quer em multiprojeto. Incluem-se aqui a Tabela de Atividades, a Rede de Atividades e o Gantt Chart, também assim acontece com scheduling, applying actuals, nivelamento de recursos, riscos, limiares, questões, acompanhamento e funcionalidades de reporting. Mas as baselines, calendários, códigos de atividade, WP & Docs e OBS têm um funcionamento ligeiramente diferente.

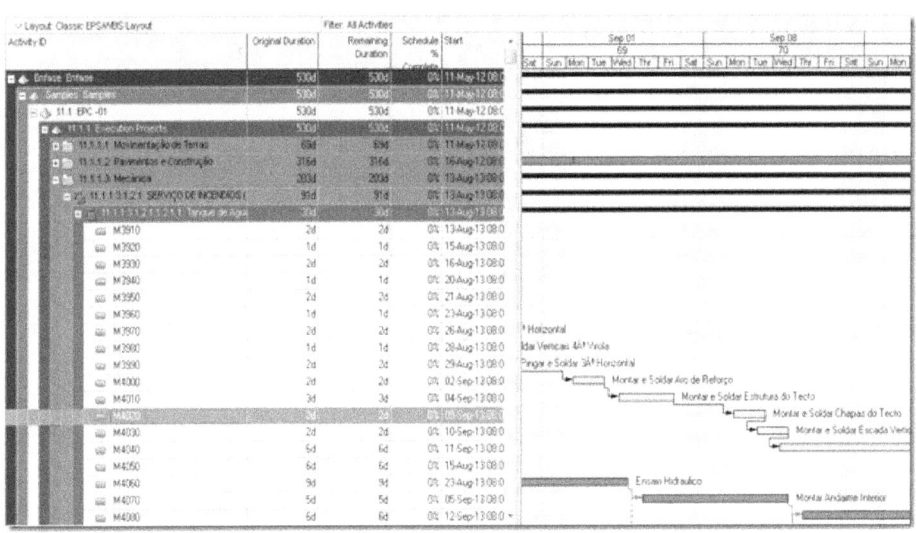

Ilustração 6 - Modo Multiprojecto

Diferenças de funcionalidades em mono ou multi-projeto

Alguns exemplos destas diferenças são os seguintes:

1. quando se guarda uma baseline em modo multiprojecto, a baseline salva-se para todos os projetos no nó da EPS, mas não para o próprio nó.

2. No modo multiprojecto pode atribuir-se calendários de projeto, códigos de atividade e WP & Docs aos elementos do projeto. Pode ainda atribuir elementos da OBS a elementos da WBS, riscos, tresholds e issues dos projetos.

3. Em modo multiprojecto, as Work Breakdown Structures e a Organizational Breakdown Structures de toda a hierarquia estão integradas. Pode também definir relações entre atividades em projetos diferentes dentro da hierarquia da EPS.

Quando se copia e cola uma WBS dentro do mesmo projeto, a WBS, atividades e riscos associados são copiados; os riscos não são copiados quando se copia e cola a WBS para um projeto diferente. Igualmente, quando se copiam e colam atividades dentro do mesmo projeto, os riscos associados também são copiados, mas já não o são quando se copia e cola num projeto diferente.

Os privilégios de segurança de projeto funcionam da mesma forma no modo singular e multiprojecto, ou seja, um utilizador pode aceder a qualquer área da WBS para a qual a OBS do utilizador tenha sido atribuída.

Para simplificar a confusão potencial quando se está em modo multiprojecto, todos os elementos de um projeto seguem uma regra simples: o projeto proprietário dos elementos é o único projeto que pode usar o elemento. Por exemplo, se o Documento A é do projeto A então este documento só pode ser atribuído a atividades do projeto A, mesmo que estejam abertos muitos projetos.

COMPREENDER COMO AS CONFIGURAÇÕES DO P6 PODEM AFECTAR AS ACTUALIZAÇÕES

O planeador estará pronto para atualizar, tendo na mão os dados validados pela produção, o plano no P6. Neste ponto, é importante ter uma boa compreensão das várias configurações do software. Estas configurações incluem segurança de acesso, tipos de percentagem de conclusão, tipos de duração, opções de cálculo, opções de recursos, projetos múltiplos, layouts (relatórios) e filtros, para que possa planear, executar e controlar o projeto com sucesso.

Configurações de acesso de segurança

Tem de ser implementado um mecanismo de segurança da informação para controlar quem pode introduzir, apagar, ver ou, de outra forma, usar os dados e a informação de e para a base de dados.

Com base na OBS – 'Organizational Breakdown Structure' (a estrutura hierárquica usada para estabelecer a responsabilidade/segurança do projeto) podem ser definidos os acessos de leitura/escrita até ao nível de WBS ('Work Breakdown Structure').

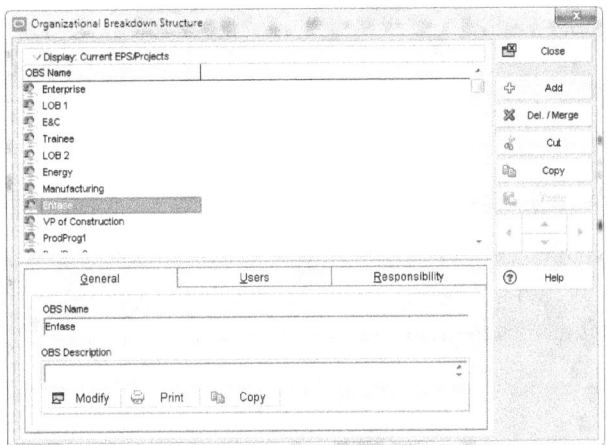

Ilustração 7 - Organizational Breakdown Structure

As configurações de segurança são estabelecidas pelo administrador em bases de dados de empresa (em Admin, Security Profiles). Esta configuraçlão não se aplica quando em bases de dados SQLlite.

	Default	
○ Global Profiles	● Project Profiles	
✓ Display: Security Profiles		
Profile Name	**Default**	
Admin except financials	☐	
Administrator	☐	
Enter Time	☐	
Project Manager	☑	
Read Only rights	☐	
Resource Manager	☐	
Team Member	☐	
Team Member P6	☐	

Ilustração 8 - Perfis predefinidos de projeto

O mecanismo para garantir que os dados são tratados por quem os pode alterar é o da concessão de permissões definidas por perfis de função. O P6 tem já alguns perfis pré-definidos que podem ser usados, mas outros podem ser definidos.

Cada utilizador tem um perfil global e os projetos recebem perfis de utilização própria para um controlo mais fino do acesso.

Tipos de percentagem de conclusão

O progresso das atividades é medido com base na duração remanescente da atividade e da sua percentagem de conclusão. Por omissão, o P6 calcula uma a partir da outra usando a opção de percentagem de duração (Duration Percent Complete) a formula será: Original Duration – Remaining Duration)/Original Duration.

Contudo com base no tipo de projeto e nas restrições do contrato pode não ser autorizado que a duração de uma atividade calcule a percentagem de conclusão. Nestes casos, o P6 fornece a opção de percentagem física de conclusão (Physical Percent Complete) ou introdução manual da percentagem de trabalho concluído.

Estas configurações devem ser configuradas como se definisse por omissão, para todas as atividades ao nível do projeto (no separador Project Details, Defaults). Se não o tiver sido logo no início, terão de ser alteradas manualmente utilizando o 'Fill Down' do menu Edit para o campo % complete type.

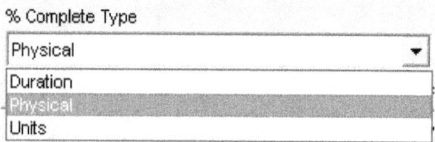

Ilustração 9 - Tipos de percentagem de conclusão

A definição do tipo de percentagem de conclusão determina o papel da percentagem de conclusão ao nível da atividade.

- Percentagem de conclusão da duração – direta correlação e cálculo das durações original e remanescente.

- Percentagem de conclusão das unidades – direta correlação e cálculo com unidades orçamentadas e reais.

- Percentagem de conclusão física – sem correlação quer com a duração original e remanescente quer com as unidades orçamentadas e reais. Portanto com atualização totalmente manual.

Independentemente do tipo de percentagem de conclusão, o P6 atribui 100% de conclusão quando a atividade tem atribuída uma data de fim.

Tipos de duração

Podemos subdividir normalmente um projeto em quatro fases: Fase Inicial, Fase de Planeamento, Fase de Execução e Fase de Fecho. O nível de durações de trabalho estimado incorporado com base nos fatores de produção pode variar dependendo da fase do projeto. Conforme o âmbito do trabalho vai sendo definido, as taxas de produção e as durações são estimadas. A duração pode ser baseada nestas estimativas, contudo, logo que o âmbito foi claramente definido e estabelecida a duração do projeto, as taxas de produção são normalmente monitorizadas de forma a garantir o sucesso na conclusão do projeto.

Determinar o tipo de duração da atividade define o uso de taxas de produção e como estas afetam as atividades progredidas.

Tipo de Duração	Quando a duração muda o que é recalculado?	Quando mudam as Unidades/Tempo o que é recalculado?	Quando mudam as Unidades/Tempo o que é recalculado?
Fixed Units/Time	Unidades	Duração	Duração
Fixed Duration and Units/Time	Unidades	Unidades	Unidades/Tempo
Fixed Units	Unidades/Tempo	Duração	Duração
Fixed Duration & Units	Unidades/Tempo	Unidades	Unidades/Tempo

Ilustração 10 - Tabela de tipos de duração

Há quatro tipos de duração a considerar:

- Fixed Duration and Units – unidades definidas orçamentadas e duração calculam a taxa de produção das Unidades / Tempo. Normalmente utilizado depois do contrato ter sido adjudicado e durante as fases de execução.

- Fixed Duration and Units/Time – taxas de produção unidades / tempo e duração definida calculam as unidades orçamentadas projetadas. Este tipo de duração é usado quando as quantidades orçamentadas não são atribuídas mas são secundárias à duração e taxa de produção (plano de tempo e materiais).

Estes tipos de duração acima são os usados vulgarmente nos projetos de engenharia planeados e em execução.

Os dois últimos tipos de duração abaixo são normalmente usados na fase inicial e na fase de viabilidade de construção para calcular as durações com base quer nas unidades orçamentadas quer nas unidades por tempo.

- Fixed Units – unidades orçamentadas definidas calculam a duração com base nas taxas de produção Unidades / Tempo definidas.

- Fixed Units/Time – taxas de produção de Unidades / Tempo definidas calculam a duração com base nas unidades orçamentadas desejadas.

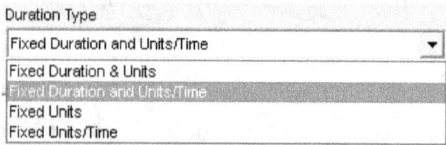

Ilustração 11 - Tipos de duração

Estas configurações são baseadas na definição dos recursos e nas opções quer ao nível dos recursos quer do projeto. As duas últimas opções 'Fixed Units' e 'Fixed Units/Time' (usadas normalmente para analisar a viabilidade de construção do plano) calculam a duração com base nas opções definidas no 'Project Details'.

Tipos de Atividades dentro do P6

Há seis tipos de atividade no P6 que definem o papel da atividade no plano do projeto:

- 'Task Dependent' – a duração da atividade ao longo do tempo é calculada com o uso do calendário base. A maioria das atividades nos planos de construção típicos são task dependent.

- 'Resource Dependent' – a duração da atividade ao longo do tempo é calculada com a utilização dos calendários dos recursos.

- 'Start Milestone' – um evento inicial sem duração e sem data de fim.

- 'Finish Milestone' – um evento de fim sem duração e sem data de início.

A maioria dos contratos definirá uma 'Start Milestone' (exemplo: Notice to Proceed) e uma Finish Milestone (Deliver of works).

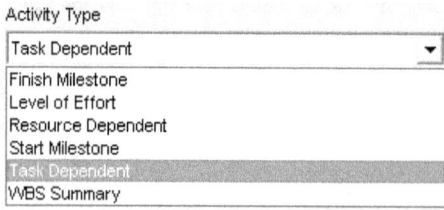

Ilustração 12 - Tipos de atividade

- Level of Effort – a duração da atividade é calculada com base na relação com as atividades suas predecessoras e sucessoras. O uso normal do tipo de atividade

Level of Effort é para atividades de gestão e que incluem recursos que serão usados conforme necessário para o projeto.

- WBS Summary – a duração da atividade é calculada com base no nível da WBS na qual a atividade está localizada.

CONFIGURAÇÕES DE CÁLCULO

Quando calcula as datas reais e o progresso do projeto o P6 aplica certas regras que afetam o resultado do processo (Tools menu, Schedule, Options).

Se existem relações externas de / e para outros projetos, a opção para ignorar essas relações 'externas' irá determinar se essas relações determinam ou não o plano aberto corrente. (Nota: esta opção não está selecionada quando os ficheiros são importados / exportados de outras bases de dados, o P6 preserva as datas Externas com base nas relações externas).

Nas opções de cálculo encontra diversas escolhas que podem ser usadas para situações diferenciadas, como cálculo dos custos das atribuições de recursos e cálculo com nivelamento de recursos. Outras opções têm a ver com opções de cálculo em situações diferentes como a opção de cálculo automático, normalmente desactivada para diminuir o uso do processamento ou a forma como tratar os 'open end' (actividades sem sucessor) as quais são tratadas com críticas.

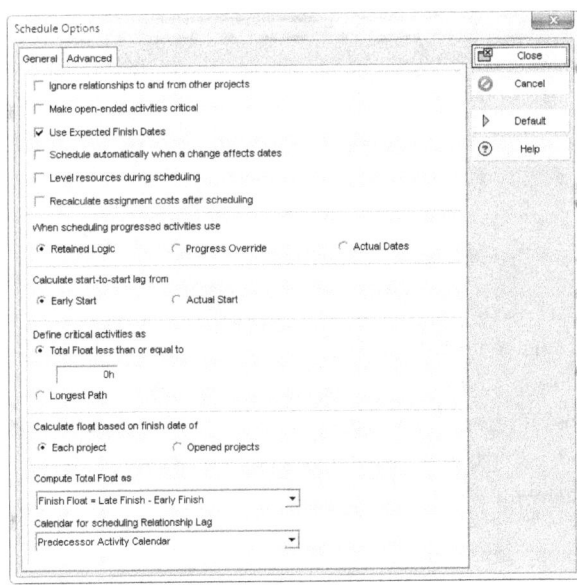

Ilustração 13 - Opções de scheduling

Outras opções são as de cáculo da folga total, dos projectos abertos simultaneamente ou, ainda, ou do lag das relações se se pretender um diferente do calendário do sucessor. Enfim, há opções para situações múltiplas de forma resolver também as difrentes questões que se pôem nas situações de vida real dos projectos.

O P6 tem também uma opção para aplicar datas esperadas de fim (Expected Finish dates) a atividades com o intuito de permitir calcular a data de conclusão das atividades. Esta funcionalidade pode ser usada para compras (Procurement) de longa duração ou quando a data de conclusão determina a duração da atividade.

Opções de cálculo da progressão

No P6 há três opções disponíveis quando se planeia/atualiza atividades progredidas: retenção da lógica (**Retained Logic**), reorientado pelo progresso (**Progress Override**) e datas reais (**Actual Dates**). Cada uma destas configurações afeta a forma como as datas do plano são calculadas e é importante que sejam compreendidas pelo planeador.

A configuração de Retained Logic mantém a sequência das atividades como planeado independentemente do trabalho real. É a configuração padrão na maioria dos projetos.

Com a configuração de Progress Override a sequência lógica das atividades pode ser ultrapassada com base no trabalho real. As datas das atividades do predecessor direto (Remaining Early) orientam as atividades sucessoras que ainda não se iniciaram. Quando ao predecessor é atribuído um fim real, as datas da atividade (Remaining Early) são dirigidas pela Data Date. Quando a atividade tem uma data de início (Actual Start), será a sua duração remanescente a orientar o fim mais cedo (Remaining Early Finish).

Finalmente, a configuração de Actual Dates permite para as datas atualizadas futuras calcular a sequência.

RECURSOS EM P6

O software de planeamento define, tradicionalmente, um Recurso como alguma coisa ou alguém que é necessário para realizar uma atividade e algumas vezes tem disponibilidade limitada. Isto inclui pessoas ou grupos de pessoas, equipamento, materiais, dinheiro. Os recursos em P6 são globais, ou seja, a base de dados de recursos pode ser usada por todos ou mais do que um projeto simultaneamente.

Para além dos recursos, o P6 utiliza uma função denominada 'Roles' (Função) que é normalmente utilizada na fase de planeamento inicial e representa uma competência ou posição. Aplica-se a recursos labor e organiza os recursos por competências, o que significa que um recurso pode ter mais do que uma competência. Depois de se atribuir roles e, antes da atividade se iniciar, este 'Role' deve ser preenchido atribuindo-lhe um indivíduo específico que será definido como um recurso.

Os 'Roles' podem ser atribuídos quer a recursos quer a atividades e não podem ser nivelados, com a função de nivelamento. Na versão EPPM a utilização de roles é importante para simplificar a atribuição de recursos e para permitir a Análise de capacidades na gestão de Portfólios.

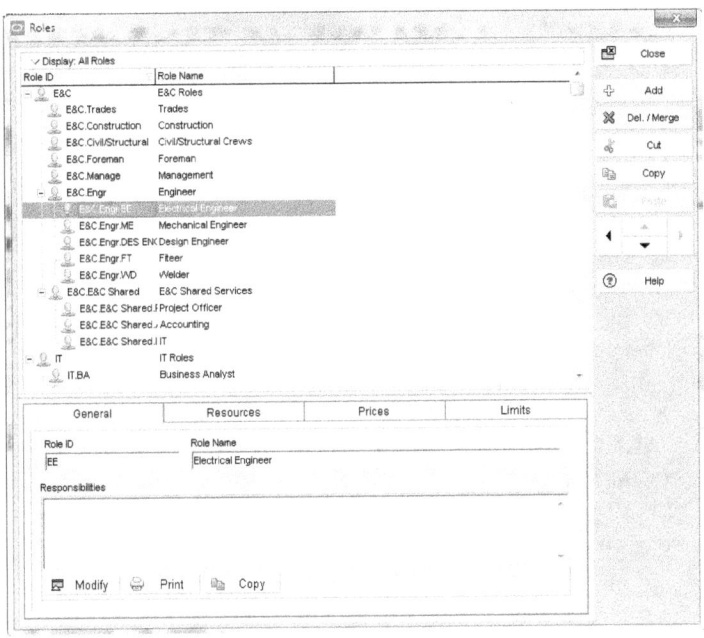

Ilustração 14 - Roles, definindo competências ou posições

Os 'Roles são úteis, por exemplo, para desenhar um planeamento de longo prazo e os recursos serão atribuídos mais perto da data de realização do trabalho, ou num ambiente de manutenção, em que os 'roles' são utilizados no sistema de manutenção e os recursos são alocados para o trabalho. Muitas vezes no ambiente de construção não são utilizados 'roles' e antes são definidos recursos genéricos.

Configuração dos recursos

O P6 calcula os dados reais dos recursos (unidades/custo) com base nas configurações definidas ao nível do recurso (Resource Details) e ao nível do projeto (Project Details).

O valor de 'price/unit' dos recursos e roles usado para calcular os custos da alocação é determinado pelo tipo de rate selecionado no campo de 'Assignements Defaults' do separador Resource da janela Projects. Estas taxas (rates) são específicas dos Roles e Resources.

O cálculo é simples e representa que a duração da atividade é, para cada recurso, multiplicada pelas 'Budgeted Units / Time' resultando nas 'Budgeted Units' da atividade. O 'Budgeted Cost' é o resultado da multiplicação do valor do rate do recurso pelas 'Budgeted Units' da atividade.

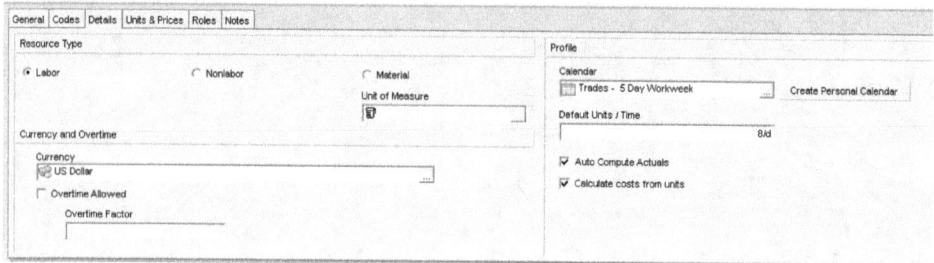

Ilustração 15 - Detalhes dos recursos

Na maioria dos projetos de grande dimensão o cliente pretende que o plano do projeto seja apresentado com os custos descritos através do esforço a realizar para alcançar os resultados. O projeto é denominado então de 'resource loaded'.

CARREGAR OS RECURSOS NO PLANO

O carregamento dos recursos e / ou funções ('roles') no plano oferece um conjunto de benefícios como:

- Contagem de pessoas envolvidas ao longo do tempo permitindo um melhor programa de contratação e financiamento.

- Coordenação mais efetiva entre o Departamento de RH e a equipa de projeto, com base em previsões válidas e que fundamenta o plano de contratação.

- O valor ganho pode ser medido com maior exatidão de acordo com os standards ou as normas definidas.

- Identificação de muitos dos riscos associados com a limitação de recursos.

Os recursos podem ser de três tipos: labor, non-labor e material.

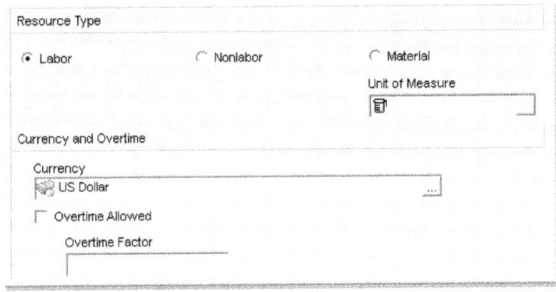

Ilustração 16 - Tipos de Recursos

- **Labor** – são as pessoas que realizam o trabalho. Este tipo de recurso pode ter um fator de trabalho extraordinário associado.

- **Non-Labor** – coisas que são necessárias para realizar o trabalho, como equipamento. Estes itens não são consumidos pelo trabalho e podem ser reutilizados. Os recursos labor e non-labor são medidos em unidades de tempo.

- **Materiais** – são itens que são consumidos conforme o trabalho é realizado. Um material tem uma unidade de medida, que pode ser específica ou por qualidade como 'each'. Estas unidades são definidas no Menu Admin → Categories.

Inclusão dos recursos

O desenvolvimento da atribuição de recursos às atividades é determinado, interna ou contratualmente, por que tipos de recursos serão controlados e acompanhados. Inclui-se aqui a decisão sobre se os custos associados com cada recurso serão acompanhados de forma independente, através, por exemplo, da atribuição de um custo ao recurso.

Em segundo lugar, será que os recursos serão atualizados com base na performance do trabalho da atividade e será que, assim, o pagamento se baseará na percentagem de conclusão? Se este é o caso, o planeador ou a equipa de projeto devem considerar a quantidade de tempo que é exigido não só para introduzir os dados de recursos e custo mas também o tempo envolvido para gerir e reportar a atualização dos recursos. Porque todo o tempo conta e as equipas de gestão de projeto não esticam.

Os recursos do Primavera P6 são globais, ou seja, só existe um dicionário que agrupa todos os recursos para o projeto. Esta característica leva a que haja a necessidade de organizar hierarquicamente os recursos do projeto para facilitar o acesso durante o processo da sua atribuição às atividades.

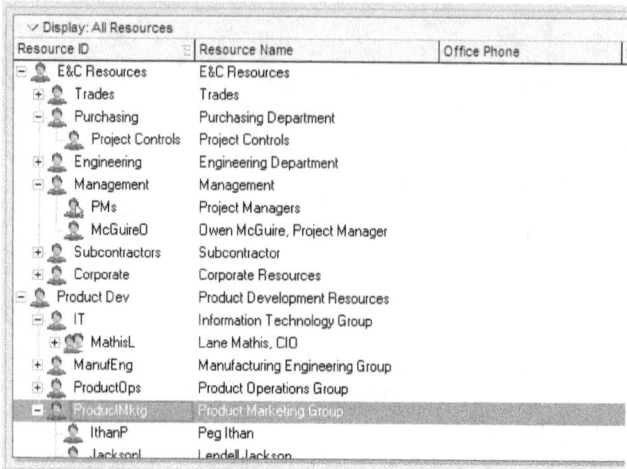

Ilustração 17 - Hierarquia dos Recursos

Este dicionário é hierárquico na sua estrutura o que permite estabelecer controlos para gestão de recursos. Os recursos também são globais porque um único recurso (em dependência do tipo de acesso do utilizador) pode ser alocado a múltiplas atividades dentro de múltiplos projetos na EPS.

O carregamento de custos é normalmente definido ao nível dos recursos. Este carregamento pode ser alcançado através de recursos *non labor* com um custo em lump sum ou pela atribuição de um preço por unidade de recurso labor/ non labor e material.

Configuração dos recursos

Temos três áreas ou níveis, em Primavera P6, que contém as configurações que governam a alocação dos recursos e as opções do custeio e da atualização. O planeador deve estar consciente destas configurações para definir a qualidade e unidades e custos dos recursos a alocar. Após um recurso ter sido atribuído à atividade e no respetivo interface, qualquer alteração nas definições do recurso só se aplicarão a esta alocação. Isto significa que a alteração de valores não terá um recálculo automático.

A primeira das áreas que contém configurações que governam os recursos é a do próprio recurso. Estas configurações globais predefinidas, específicas para cada recurso, afetam o recurso independentemente do projeto e da atividade a que está alocado.

A segunda configuração é dos projetos que contêm configurações predefinidas que afetam todos os recursos dentro do projeto específico.

E finalmente as configurações específicas das <u>atividades</u> que afetam os recursos individuais atribuídos à atividade.

Para controlar estas configurações dentro de cada um dos três níveis é requerido que se tenha uma boa compreensão básica do P6 e de como cada opção irá funcionar.

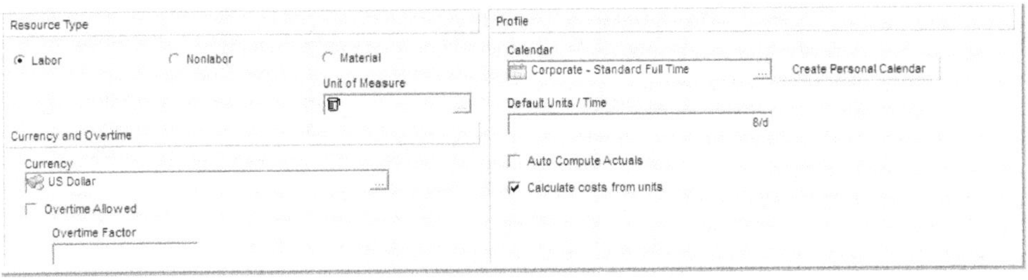

Ilustração 18 - Detalhes do Recurso

A primeira configuração específica é '*Calculate costs from units*'. Por definição, os custos são recalculados cada vez que as quantidades de unidades do recurso são modificadas. Por omissão, esta configuração que está ao nível do recurso (em 'Resource Details' → separador 'Details') aplica-se a qualquer nova atribuição do recurso. Esta opção não é usada para recursos que requerem custos 'lump sum' em que as units/time não são consideradas, pois considera-se o total introduzido.

Deve ser compreendida uma segunda configuração no que se refere ao '<u>Auto Compute Actuals</u>'. Por definição, os dados reais dos recursos e as unidades remanescentes, bem como as datas de início e fim, são atualizados automaticamente com base nas datas planeadas das atividades, as unidades orçamentadas e a percentagem de conclusão. Esta opção só pode ser modificada ao nível dos recursos (em 'Resource Details' → separador 'Details') e, portanto, aplica-se globalmente aos recursos para todas as suas alocações às atividades. A nomenclatura para esta configuração não deve ser confundida com aquilo que parece ser a mesma opção ao nível da atividade. Embora a designação seja a mesma, a outra configuração destina-se à atualização da informação da atividade (encontra-se nas colunas da janela de Atividades) e é utilizada em conjugação coma opção de '*Apply Actuals*' do Primavera P6.

Uma terceira configuração deve ainda ser compreendida que é '<u>Link Actual to date and Actual this Period Units and Cost</u>'. Por definição, os custos/unidades dos recursos são atualizados quando quer os Actual ou os '*Actual this Period*' são atualizados. Esta opção deve estar selecionada quando se utiliza Períodos Financeiros e 'Store Period Performance'. Ela encontra-se só ao nível da janela de Projects ('Project Details' → separador 'Calculations') e aplica-se a todas as alocações de recursos do projeto.

Resource Assignments

When updating Actual Units or Cost

- ○ Add Actual to Remaining
- ● Subtract Actual from At Completion

☐ Recalculate Actual Units and Cost when duration % complete changes

☐ Update units when costs change on resource assignments

☑ Link actual to date and actual this period units and costs

Ilustração 19 - Opção de ligação dos dados reais na janela Projects

Outras considerações que afetam a alocação de recursos incluem os tipos de atividade já anteriormente identificados. Devemos ter presente que as milestones não podem ter recursos atribuídos nem serem carregadas com custos.

Efeitos dos tipos de duração nos recursos

O tipo de duração da atividade irá definir como é que as modificações nos recursos ajustam a duração definida para a atividade, as suas quantidades orçamentadas e/ou a produção dos recursos por período.

Vamos, de forma breve, rever os diversos tipos de duração em função dos resultados que obtemos das suas alterações.

Quando o tipo de duração da atividade é *'Fixed Duration and Units'*, o P6 recalcula as unidades por tempo para cada alocação de recurso da atividade quando é atualizado quer a duração da atividade como as unidades orçamentadas.

Quando o tipo de duração da atividade é *'Fixed Duration and Units/Time'*, o P6 irá recalcular as unidades orçamentadas quando quer a duração da atividade quer a taxa de produção (units/time) são atualizadas. Quando o tipo de duração da atividade é 'Units', o P6 recalcula quer a duração da atividade como a taxa de produção (units/time), quando as unidades orçamentadas são alteradas.

Quando introduzimos as unidades totais (Units) a taxa de recursos utilizados é calculada. Quando invés introduzimos a taxa do recurso (Units/time) são calculados os totais de unidades de recursos na atividade.

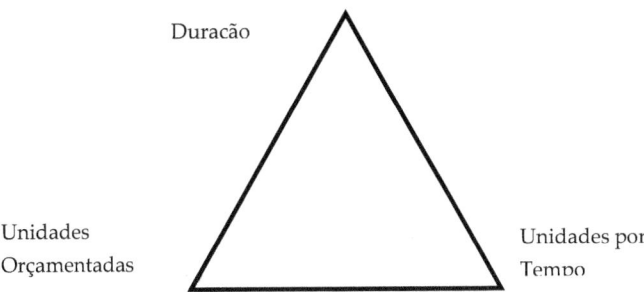

Como referimos anteriormente, os custos são alocados ao projeto quer como custo do recurso em 'lump sum', quer como preço/unidade dos recursos. Quando se carrega os custos no plano são então utilizados os Períodos Financeiros para guardar a performance real do período em oposição a distribuir linearmente a performance por toda a linha de tempo do projeto.

Estes períodos financeiros, como opção, são estabelecidos globalmente para toda a empresa pelo Administrador de sistemas (no menu Admin → Financial Periods). Eles são estabelecidos em intervalos periódicos para acompanhamento do custo e da produção.

COMO INCLUIR CUSTOS NUM PLANO

Os custos podem ser aplicados diretamente numa atividade ou pela alocação de recursos ou atribuição de Despesas (expenses).

Pode aplicar diretamente o custo na atividade com a funcionalidade Expenses se não necessitar de configurar curvas de recursos.

Pode tratar o custo como uma atribuição de recursos, atribuindo um recurso singular 'Custo' com o propósito único de carregar o projeto com custos.

Por exemplo, vá à vista de Recursos e adicione um novo Recurso, de seguida:

1. Mude o Resource ID e/ou o Resource Name para 'Custo'.
2. Na janela de Recursos, separador Details, torne o Recurso 'Custo' em Nonlabor e retire a opção 'Calculate Costs from Units'.
3. Na vista de Atividades selecione uma atividade para introduzir os custos.
4. No separador Recursos dos Detalhes da Atividade selecione o botão de Adicionar Recurso e escolha o Recurso 'Custo'.
5. Adicione a informação como Custo Orçamentado ('Budgeted Cost')e posteriormente em acompanhamento o Custo Real ('Actual Cost').

6. Se os campos de custo não estiverem visíveis no separador de Recursos dos Detalhes da Atividade clique da direita no cabeçalho de Resource ID Name e faça Customize Resource Columns. Escolha os campos de Custo para serem mostrados.

Se quiser que os custos sejam automaticamente calculados deve garantir que as atividades estão configuradas com o Tipo de Duração para 'Fixed Duration and Units' ou 'Fixed Duration and Units/Time'.

As atividades com tipos de duração Fixed Units ou Fixed Units/Time são similares a atividades com alocações de recursos 'driving'. Como nestas a atualização da duração da atividade é feita pela atualização do recurso driving e não pelo remanescente ou pelo Percent Complete e para evitar uma lógica circular a definição base para as atividades deste tipo é ignorada.

Garanta que durante o processo de atualização do progresso, o status é definido como 'start' antes do 'finish' para garantir que as Actual Units são atualizadas com base no 'Duration % Complete'. A razão para isso é que se colocar o 'finish' antes do 'start' as 'Actual Units' mantém-se em zero.

CONTAS DE CUSTO

Podem ser estabelecidas ou definidas Contas de Custo dentro do P6 (Menu Enterprise → 'Cost Accounts') para identificar códigos contabilísticos organizacionais para recursos específicos/tempos de custo dentro do plano e alargados a toda a companhia. São tipicamente criados pelo Engenheiro de Custos ou o Engenheiro de Controlo. Esta estrutura hierárquica é associada a cada atividade ao nível dos recursos (Detalhe das Atividades→ separador Resources → Coluna 'cost account').

Para a obtenção de métricas de Valor Ganho a utilização de contas de custo é fundamental, como poderão ver mais à frente. O resultado da atribuição de custos às atividades é a criação de uma CBS – Cost Breakdown Structure, que espelha a dimensão custo do trabalho planeado.

ESTABELECER A BASELINE DO PLANO / CONTRATO

Previamente ao início do processo de controlo e atualização do projeto e culminando o processo de planeamento e estimação do projeto, deve ser desenvolvida e definida uma Baseline ou Plano Contratual, aceite pelo Cliente como o processo de execução do contrato.

O resultado principal do processo de desenvolvimento do plano é, assim, um modelo de execução que como um plano vai tornar-se na Baseline de controlo do projeto. Na maior parte dos casos, esta Baseline, também denominada de Level 3, é uma exigência de contrato e é enviada para o cliente, que a utilizará para rever a execução dos trabalhos em comparação com o planeado.

O termo 'Baseline' refere-se normalmente ao plano aceite que é submetido para aprovação na ocasião de incepção do plano – fase inicial de arranque. O Primavera define a Baseline como uma 'fotografia' do plano do projeto através do qual pode ser medido o custo, plano e performance do projeto. Uma Baseline pode ser o plano de projeto conforme planeado, um plano de status periódico do projeto conforme vai sendo construído, um cenário de 'what-if', uma análise de impacto no tempo, etc.

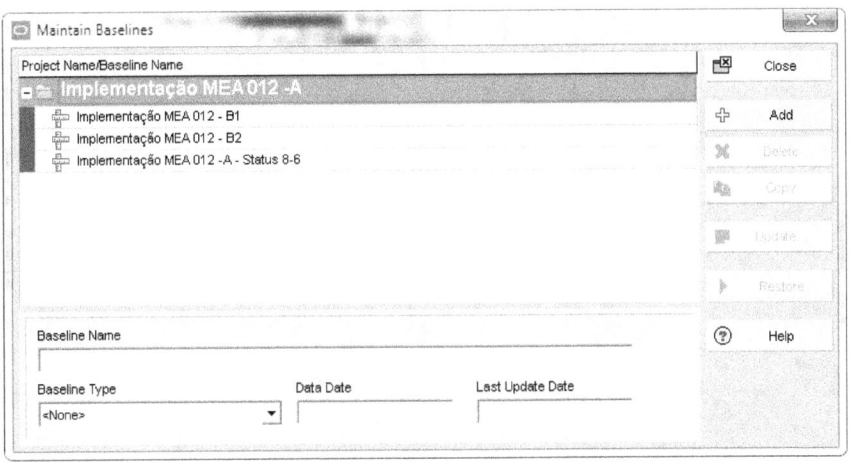

Ilustração 20 - Adicionar e manter as Baselines

O Primavera P6 permite a criação de um número 'infinito' de Baselines para comparação com o plano corrente e permite ao utilizador a capacidade de atribuir até 3 Baselines do plano corrente para comparação de dados. O máximo número de Baselines por plano é definido pelo Administrador (Admin, Admin Preferences, Data Limits); esta configuração é Global e aplica-se a todos os projetos na base de dados.

O Administrador pode também dar aos utilizadores o direito de copiar um número especificado de Baselines quando se copia o projeto. Mais á frente, voltaremos a referia a utilização e gestão de Baselines no P6.

Atualizar o Projeto

O processo de atualização é realizado após aprovação da baseline pelo cliente, realiza-se com a regularidade definida em contrato (ao mês ou semana) e cumpre as regras e orientações acordadas entre as partes.

ACESSO AOS DADOS

O Primavera P6 permite o acesso por múltiplos utilizadores a qualquer projeto (dependendo do tipo de acesso dos utilizadores definidos e do licenciamento adquirido).

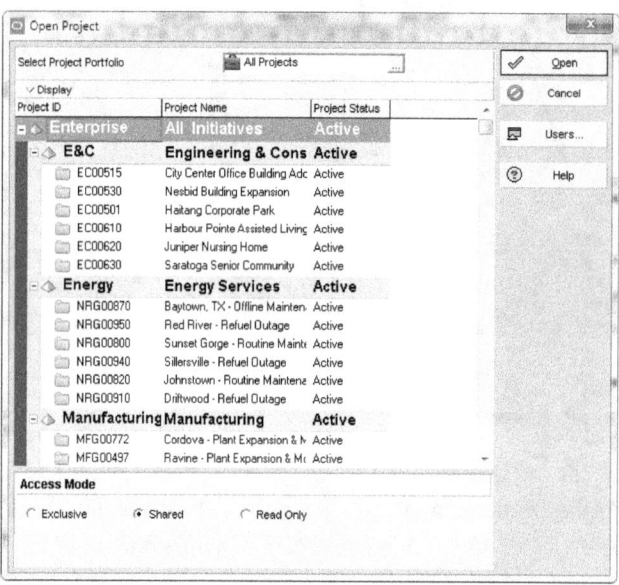

Ilustração 21 - Modos de acesso em Open Project

O tipo de acesso em que se abre o projeto plano é determinado dentro do menu File em Open, Access Mode (os acessos podem ser Exclusive / Shared / Read Only). Se um projeto é selecionado na janela de Projects e com um clique do botão direito do rato é feito Open Project, o ficheiro é sempre aberto em modo Shared. Contudo, se o plano está ou vai ser atualizado (Schedule) é melhor que seja acedido em modo 'Exclusive' para prevenir que outros possam sobrepor os dados de progresso.

RECOLHER OS DADOS

O primeiro passo do processo de atualização, antes de qualquer introdução de valores de execução, é reunir os dados reais de execução.

O planeador deve fornecer o relatório ou layout de update à equipa e às outras partes responsáveis a intervalos regulares e planeados conforme a frequência do processo de atualização. Sugere-se a seguinte informação a ser incluída no relatório de atualização: Activity ID, Activity Name, Original Duration, Remaining Duration, Total Float, Start, Finish, Actual Start, Actual Finish, coluna em branco para anotações. Pode ser útil a inclusão de colunas de Predecessores e Sucessores.

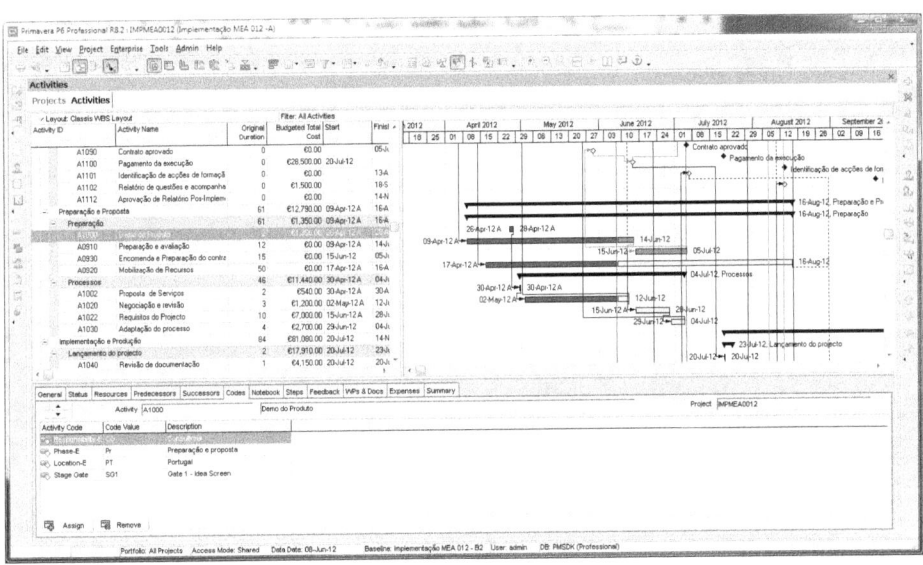

Ilustração 22 - O Progress Spotlight na janela de Atividades

A opção de 'Progress Spotlight' é uma útil funcionalidade do P6 na janela de Atividades. Ao selecionar o 'Progress Spotlight', o layout do projeto é sublinhado por um período de tempo específico (com base no tempo mínimo de incremento da opção de Timescale). Os botões de navegação dos separadores na janela de atividade só navegam entre as atividades em 'highlight'. Para atualizações mensais, é útil salientar dois meses. Desta forma o planeador poderá ver um período de datas reais e um período de previsão.

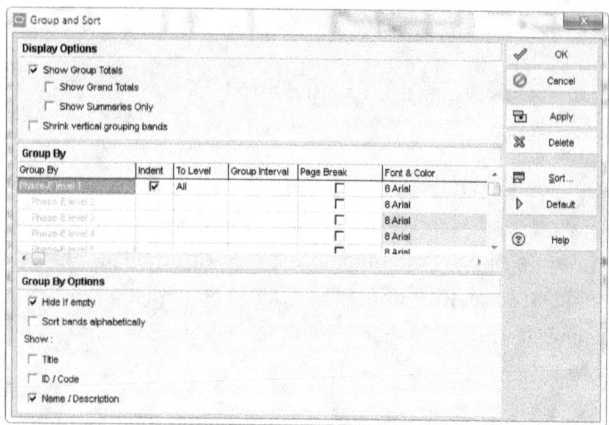

Ilustração 23 - Group and Sort

Cada uma das partes responsáveis poderá selecionar e preencher o respetivo âmbito de trabalho na folha respetiva. Na janela de Atividades, o layout pode ser indexado por parte responsável usando as opções do 'Group and Sort' e selecionado o código de responsabilidade respetivo. Na vista de 'Activities' o layout pode ser atribuído por recursos com as opções do 'Save Layout as'.

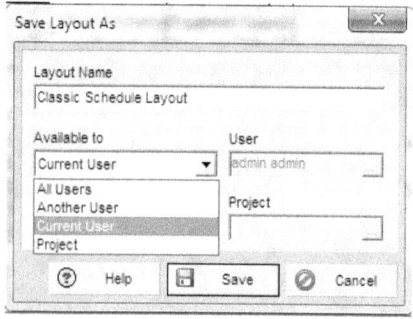

Ilustração 24 - Atribuição dos layouts a utilizadores

VISITA AO SITE DA OBRA / REUNIÃO DE ACTUALIZAÇÃO E VALIDAÇÃO DOS DADOS

A realização de uma reunião para a atualização é extremamente importante e deve ser realizada de preferência no site da obra com o intuito de rever e validar as datas e a documentação entregue. Esta revisão deve ser conduzida antes ou durante o processo de atualização para validar a informação fornecida pelas partes responsáveis. Essencial para as primeiras reuniões de atualização por forma a solidificar o processo.

A regra principal da revisão é que as pessoas responsáveis pelo controlo do projeto devem observar e verificar o progresso do trabalho e medir a performance até à dimensão necessária (amostras de trabalho, questionários aos chefes de equipa, etc.,) para garantir que os dados recebidos e revistos são confiáveis, apropriados e compreendidos.

O planeador deve percorrer o site da obra para garantir que as datas fornecidas correspondem ao progresso no campo e clarificar quaisquer questões que possam surgir com os responsáveis das equipas.

Devemos ter presente que há um risco, quando os pagamentos são baseados nas medidas de progresso e planos, de os empreiteiros responsáveis pelas atividades poderem beneficiar financeiramente de sobre reportar o progresso e/ou atribuir demasiado dinheiro para pagamento de trabalho realizado cedo no projeto.

Qualquer atraso crítico deve ser anotado e os planos de mitigação (se aplicável) devem ser documentados.

MANTER O BASELINE (ACTUALIZAÇÕES PRÉVIAS) NO PRIMAVERA P6

Antes de atualizar os dados de agendamento, a versão anterior deve ser guardada ou 'mantida' como uma Baseline para acompanhar modificações ao plano (atrasos, acelerações, alterações) e mudanças ao caminho crítico do projeto. Se utilizar as opções de 'Maintain Baseline' em Activity Window, Project, Maintain Baseline, o P6 permite renomear as versões anteriores da baseline utilizando o nome do projeto antepondo B1, B2, etc.

Como o P6 permite um número indefinido de baselines ou versões a nomenclatura deve ser adaptada para a versão específica (Atualização de Data Date, versão do contrato, etc.). Claro que o projeto só tem uma baseline – a aprovada pelo Cliente, todas as outras são usadas com propósitos de gestão do progresso.

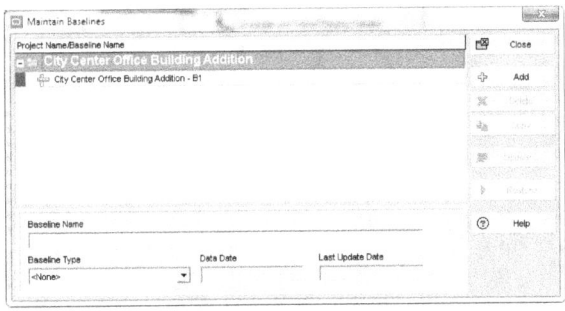

Ilustração 25 - Manter baselines

COMO IMPORTAR E EXPORTAR

Todos os dados dos projetos estão guardados numa base de dados central. Estes dados podem ser exportado para ficheiros externos e, de seguida, com a partilha de informação possível com outros utilizadores de P6, subempreiteiros usando a ferramenta 'Contractor', outras ferramentas de gestão de projeto (como o MS Project e o MS Excel). Pode ainda partilhar, desta forma, informação com os departamentos de recursos humanos e de finanças. Pode ainda utilizar ficheiros externos para arquivar os seus projetos ou criar um backup da base de dados.

Tenha presente que a versão presente na sua base de dados é sempre a versão original do projeto corrente em execução. Todas as outras versões são cópias e podem estar alteradas relativamente à situação e por este motivo o processo de acompanhamento não se baseia no envio de cópias «para atualização».

O processo de exportação tem por propósito enviar para o cliente ou empreiteiro-geral a versão do projeto corrente para comparação com a baseline acordada, nos períodos de controlo (semanal ou mensal).

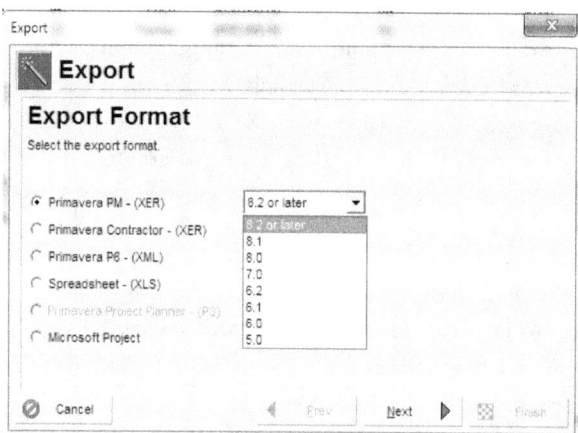

Ilustração 26 - Exportar projetos para ficheiros externos

Pode importar e exportar entre o P6 e outras aplicações utilizando os seguintes formatos:

- O formato proprietário do Oracle Primavera P6 (XER) é suportado em todos os projetos.

- O formato XER permite exportar entre desde a versão 5 e todas as outas versões do P6. Suporta a importação e exportação de e para Primavera Contractor.

- O formato P6 XML, permite partilhar a informação de projeto entre bases de dados de P6.

- Os ficheiros XLS permitem exportar informação selecionada para aplicações de folha de cálculo.

- Os ficheiros MPP permitem partilhar informação com o MS Project 2003. O XML permite partilhar com MS Project 2003, 2007 e 2010.

- O formato MPX permite integrar com outras ferramentas de terceiras partes.

- O formato UN/CEFACT em xml utilizado em aplicações da defesa dos EUA.

Problemas com a importação de MS Project

O processo de importação de ficheiros de MS Project para P6 apresenta um conjunto de questões conhecidas, mas que obrigam a algum trabalho manual de resolução no P6 antes e após a importação. Após importar para P6 a exportação de volta não garante a total correção de dados, pois estamos a receber em MSP a versão de um conjunto de dados diferente.

A primeira questão tem a ver com a incompatibilidade de <u>calendários</u> entre as duas plataformas, devendo ser verificada a data e hora no P6 e corrigida manualmente. O processo pode ser efetuado com rapidez e garante a integridade do projeto.

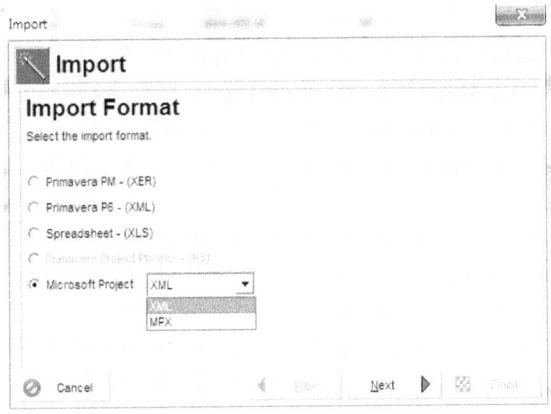

Ilustração 27 - Importação de MS Project

A outra questão tem a ver com a importação de <u>recursos</u> do Ms Project. Como os tipos de recursos não são compatíveis quando se importam todos os recursos (Work e Material) do MS Project estes são classificados como Labor. Se vierem atribuídos a atividades já não é possível alterar o seu tipo de recurso. Devem, assim, ser tomadas algumas precauções, designadamente, os recursos podem ser importados isoladamente do Project e adaptados no P6, mas as atribuições só podem ser posteriormente realizadas no P6.

Outras questões de Importação e Exportação

Quando exportar múltiplos projetos para um ficheiro XER único, as relações inter-projecto entre as atividades nos projetos são preservadas.

Se quiser exportar um projeto que antes fora importado e esse projeto contém relações para projetos externos que não existem na sua base de dados e você pretende fazer o Schedule à base de dados, então assegure-se que configura o Schedule para a opção de 'Ignore Relationships To and From Other Projects'. Ao selecionar esta opção, quando realiza o Schedule do projeto, o P6 preservará as datas das atividades externas.

Há algumas outras questões sobre importação e exportação, mas sublinho um facto essencial para qualquer importação – antes de fazer uma importação com a escolha de atualização de projeto aberto, garanta que tem uma cópia de segurança do XER desse projeto copiado no seu computador e não altere o ID do projeto para não ter surpresas.

eveja tudo no final, não tenha pressa, prepare tudo e execute com garantia que o está a fazer de acordo com o método de trabalho aconselhado no P6.

QUESTÕES NA IMPORTAÇÃO DE RECURSOS

A informação de recursos e roles é mantida na base de dados central pois os recursos são dados globais. Pode importar e exportar informação de e para a base de dados utilizando os ficheiros externos usados para partilhar esta informação com outros utilizadores. Como os recursos e os roles são designados a nível global podem ser importados e exportados sem necessidade de abrir os projetos que os contém.

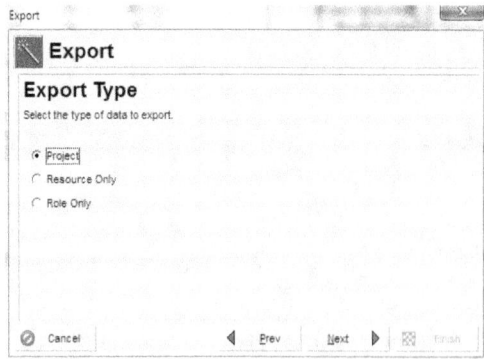

Ilustração 28 - Exportação / Importação de recursos ou roles

A informação de recursos pode ser importada e exportada utilizando quer o formato XER, quer folha de cálculo XLS, ou XML. Os roles só podem ser importados e exportados com a utilização de formato XER. Pode ainda importar e exportar toda a informação dos recursos e dos roles para garantir que os recursos e os roles são consistentes por toda a organização.

O formato XER transfere toda a informação de recursos e roles, tal como a hierarquia de recursos, categorias de recursos e categoria de valores de atribuição.

ATRIBUIR A BASELINE

O P6 permite a existência de múltiplas Baselines associadas a um plano singular. Cada utilizador pode ver e comparar até três versões de Baseline (primária, secundária e terciária), relativamente ao plano corrente bem como o plano global geral (normalmente o plano contratual) através do uso da função Assign Baseline (Activity Window, Project, Assign Baseline).

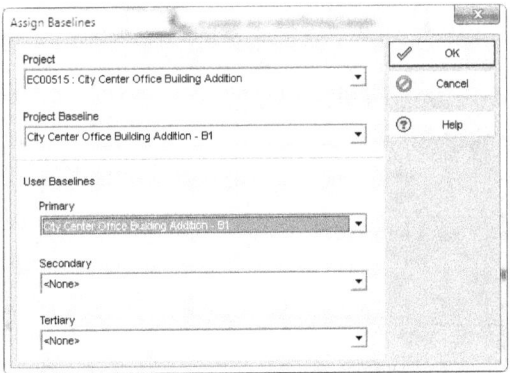

Ilustração 29 - Atribuir baselines

Recomenda-se que o "Project Baseline" seja o plano do contrato aprovado e a "Primary Baseline" seja a última atualização ou a versão anterior do plano que o planeador pretende comparar com o plano corrente. Entretanto, como opção para cálculos de valor ganho é possível definir a baseline do projeto ou a primary baseline.

Nas opções de cálculo de valor ganho o Project Baseline pode ser o plano original para a comparação como o Plano aprovado, ou a Baseline do mês anterior para comparação da performance do mês.

O USO DA 'REFLECTION'

O P6 permite ao planeador realizar uma cópia do plano corrente, como uma imagem ao espelho, uma Reflexão (Reflection). A cópia em reflexão pode ser alterada ou atualizada e depois fundida de volta para o plano corrente. As suas características principais são as seguintes: tem o mesmo nome do projeto original, está ligada ao projeto de origem e possui o estado de what-if.

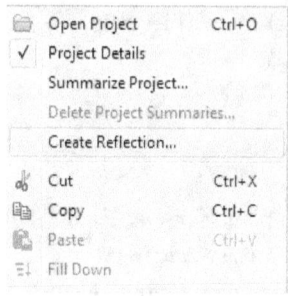

Ilustração 30 - Criação de Reflection

Contudo, algumas palavras de alerta para quando se usa esta funcionalidade, visto que os dados indicados abaixo, quando apagados na cópia de reflexão, não são apagados no plano corrente durante a fusão dos dois, este é o caso, dos dados de Actividades, Relações, Atribuições dos Recursos e Elementos da WBS, Work Products e Documentos, Despesas, Issues e Riscos. Estes elementos de dados, apagados na reflexão, terão de ser manualmente apagados do plano corrente após a fusão.

A reflexão significa, assim, a possibilidade de fazer simulações sempre com algum foco em objetivos determinado.

O processo de 'Reflection' permite rever as alterações realizadas antes de proceder à fusão dos dados com o projeto de origem. A interface por omissão é 'por atividade' e permite selecionar as atividades a fundir no projeto. Quando se procede à fusão dos dados teremos a opção de manter a 'Reflection' ou, simplesmente, fazê-la desaparecer cumprida que foi a sua função.

Uma 'Reflection' é uma cópia dum projeto que tem as seguintes características que atrás referimos:

1) Tem o mesmo nome do projeto original com 'reflection' adicionado ao fim.
2) Internamente contém uma ligação para o projeto original que permite que a aplicação faça a fusão das alterações dentro do projeto original.
3) Tem um status de 'what-if'.

Depois de criar uma reflexão pode fazer alterações a esta. Depois pode fundir as mudanças dentro do projeto original mantendo os dados ativos intactos no projeto original. A criação da reflection facilita os seguintes processo e sequências de trabalho:

- A criação de uma área de 'sandbox' para testar diferentes cenários do projeto;

- A revisão das alterações realizadas em colaboração com outros utilizadores. Utilizar a reflexão como um projeto intermediário permite rever e aceitar alterações antes de fundir a reflexão de volta ao projeto original;

- Rever as mudanças de um projeto através da exportação de uma reflexão como um ficheiro XER. Pode assim ser enviado o ficheiro a utilizadores exteriores que podem importar este ficheiro para a sua base de dados e, depois de realizarem alterações ao projeto, os utilizadores externos podem exportar o ficheiro e enviar o ficheiro XER resultante de regresso. Ao importar o XER de volta à reflexão pode então decidir que alterações manter quando fizer a fusão com o projeto original.

Pode fundir a reflexão no projeto original, mantendo os dados do projeto ativo intactos.

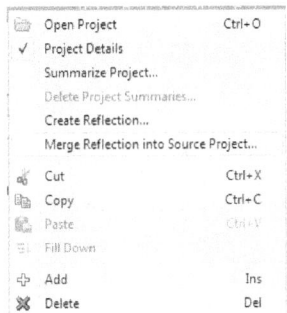

Ilustração 31 - Opção Merge Reflection into Source Project...

O menu de contexto 'Merge Reflection into Source Project' só estará disponível quando seleciona a reflexão para a qual tem acesso de superuser. Tem de ter também acesso superuser ao projeto original associado com a reflexão. Adicionalmente, o projeto original não pode ser aberto em modo Exclusivo por outro utilizador nem poderá ser objeto de check out.

Atenção que as alterações que são feitas aos seguintes campos de uma reflexão resultarão em novas entradas adicionadas ao projeto quando se fizer a fusão com o projeto original. Assim, tenha atenção aos seguintes campos Project ID, Activity ID, Resource ID, Role ID, Cost Account, and Price/Unit.

Preveja sempre as mudanças

Quando escolhe no menu de contexto 'Merge Reflection into Source Project' , se houver mudanças para fundir o sistema responde com a opção de 'Preview Changes to Project'.

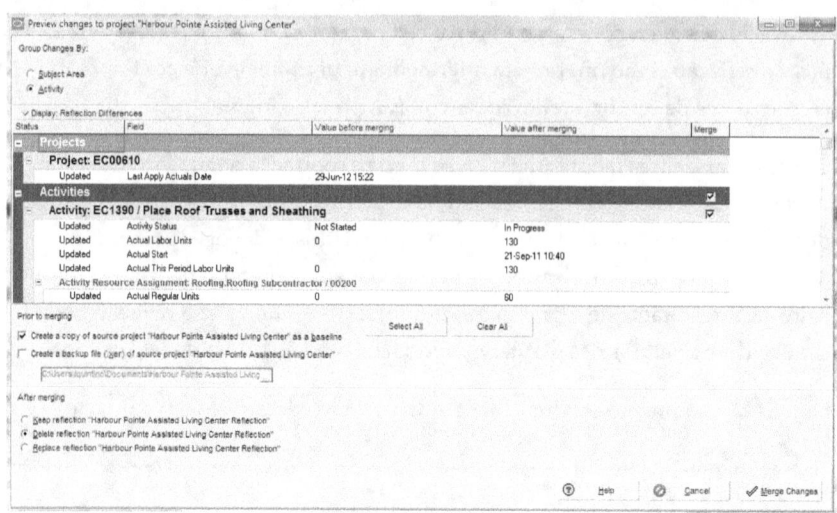

Ilustração 32 - Opção de Preview Changes

De seguida, escolha as mudanças que quer fundir da reflexão para o projeto original. Há duas formas de ver as mudanças, ou agrupadas na 'Preview Changes to Project': por área de assunto e por atividade. Por omissão a caixa de diálogo organiza-se por atividade. Quando se veem as mudanças por atividade, aparecem caixas de verificação na coluna de 'Merge' por linhas de atividade. Isto irá permitir selecionar quais as atividades serão fundidas no projeto original.

- Se houver atividades com mudanças, todas as marcas das atividades estarão selecionadas.

- Marcar ou desmarcar uma caixa de verificação no agrupamento por atividades terá um efeito correspondente na área de assunto mesmo não estando disponíveis caixas de verificação. Garanta que o botão 'Activity' está marcado se precisa de compreender ou mudar quais as atividades serão fundidas.

Se a aplicação detetou atividades que mudaram, serão ativados dois botões: 'Select All' e 'Clear All'. Pode utilizar estes botões para poupar tempo se tiver muitas atividades a considerar. Após o Merge só verá o projeto alterado após realizar o Schedule do mesmo.

INTRODUÇÃO DE DADOS DE ATUALIZAÇÃO

Status, datas, percentagem de conclusão, recursos, custos

A avaliação da realização do projeto é efetuada através da introdução do seu status, que se inicia pela inserção da data real de início, da data de fim, se a atividade foi concluída, a percentagem de conclusão e realizações em datas de milestones no plano do projeto. Os valores reais de utilização de recursos e as despesas incorridas ou planeadas são também introduzidos.

Duration			Status				
Original		0	☑ Started	20-Oct-11		Physical %	100%
Actual		0	☑ Finished			Suspend	
Remaining		0	Exp Finish			Resume	
At Complete		0					
			Constraints				
Total Float			Primary	< None >		Secondary	< None >
Free Float			Date			Date	

Ilustração 33 - Dados de Status

Com a utilização de técnicas de valor ganho, a informação de percentagem de conclusão é também documentada para cada atividade. Contudo, a performance do projeto é baseada na duração remanescente necessária para completar o trabalho da atividade, que deve ser usado para avaliar a percentagem de conclusão do projeto.

O P6 permite definir a suspensão da atividade e a sua reposição em curso por uma vez, o que permite corresponder a situações de eventos que alteram o progresso real da atividade.

Antes de proceder à atualização do status do plano no P6, o planeador deve garantir que o tempo seja apresentado de acordo com as características definidas (Edit menu, User Preferences, Dates, Time). Se o tempo não for mostrado de forma correta podem ser introduzidos dados incorretos pelo software.

Aconselha-se a utilização do tempo com a hora para se introduzir os valores reais de execução do trabalho e corrigir dados de data/hora inadequados.

O planeador deve introduzir todas as datas de início reais, as datas de fim reais, percentagens de conclusão, duração remanescente, recursos e custos dos dados fornecidos pelos membros da equipa. Cada atividade com uma data real (start e/ou finish) deve ser marcada como Start/Finish e a data real respetiva.

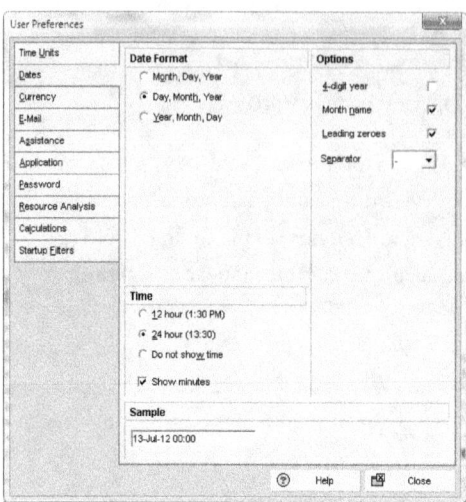

Ilustração 34 - Preferências de tempo

Se as configurações dos Recursos permitem o cálculo automático, os dados reais do recurso serão atualizados (caso das atividades com Tipo de %complete de 'Duration', se assim não for Physical, introduza os dados reais para cada recurso atribuído à atividade. Uma situação semelhante ocorrerá com despesas incorridas na atividade.

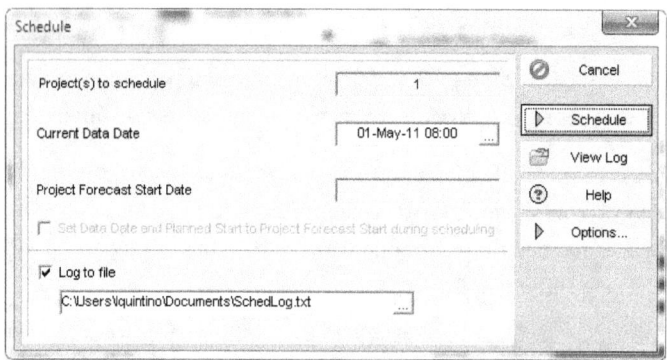

Ilustração 35 - Definição da Data Date no Schedule

A seguir a ser introduzida toda a informação real, o plano deve ser calculado utilizando a nova Data Date (Tools menu, Schedule). No P6 há uma opção para 'Schedule automatically when a change affects dates', mas é recomendado que esta não deve estar selecionada, para melhorar a velocidade e eficiência da aplicação em projetos de grande dimensão..

Depois de calculado, o plano deve ser revisto para garantir que os dados foram corretamente introduzidos. Durante o processo de revisão poderão ser realizadas todas as correções necessárias e recalculado.

Depois da revisão e aceitação da atualização do plano este pode ser guardado como uma Baseline (com 'Status' incluído no título) antes de serem introduzidas novas atividades ou de se rever a lógica. Mantemos assim, uma imagem do plano corrente após a atualização.

Outras opções de atualização

Há outras opções para atualizar o progresso das atividades com base na performance do trabalho. Se a performance do trabalho ocorreu com base em projeções do plano, o P6 permite que o utilizador utilize a opção '**Apply Actuals'** (Tools menu, Apply Actuals) e '**Update Progress**' (Tools menu, Update Progress). Neste caso, os dados reais das atividades e a percentagem de conclusão serão automaticamente introduzidos com base na performance projetada até à nova Data Date. Como se tudo tivesse corrido conforme planeado...

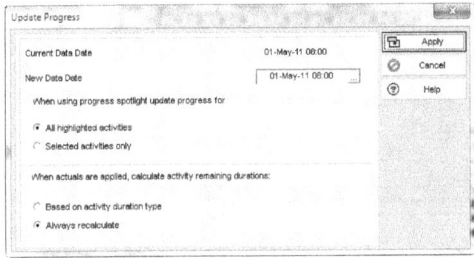

Ilustração 36 - Update progresso

A opção Apply Actuals corresponde a uma funcionalidade para realizar o 'Update Progress' em projetos múltiplos, já que permite a seleção de mais do que um projeto para ser atualizado com as mesmas condições.

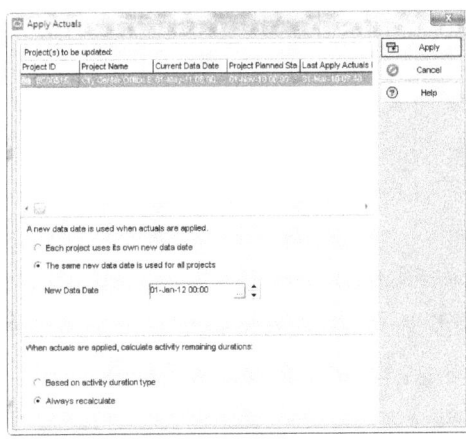

Ilustração 37 - Apply actuals

Uma nota de cuidado, por que as opções de 'Apply Actuals' e 'Update Progress' usam as datas planeadas (Planned Start/Planned Finish) em vez dos Início/fim originais ou as 'Early Dates', que poderão ser diferentes esta opção de atualização pode causar a alteração das datas reais.

INTRODUÇÃO DE REVISÕES / PREVISÕES (ACTIVIDADES, DURAÇÕES, LÓGICA)

A análise prospetiva do plano inicia-se com o status da rede lógica do plano da sua WBS. Se foram identificadas mudanças ou tendências de mudança no plano do âmbito remanescente deverá ser desenvolvido uma revisão com a utilização de métodos de planeamento e desenvolvimento, com o acordo do cliente. A previsão do plano do projeto é então revista para refletir o status corrente integrado com o Plano do âmbito do trabalho remanescente.

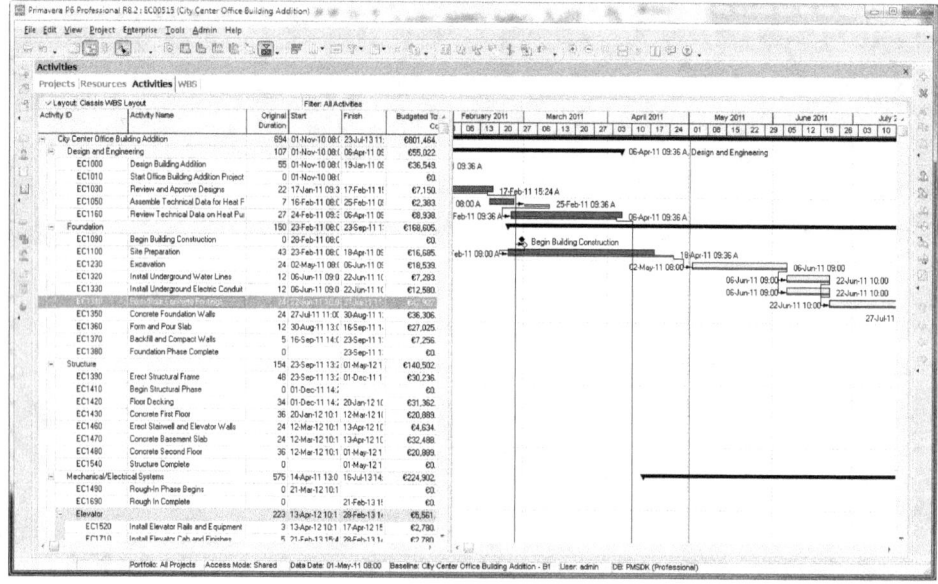

Ilustração 38 - Plano atualizado para revisão

O plano revisto deve considerar a performance e a produtividade até à data, a alocação dos recursos, qualquer melhoria ou ação corretiva propostas e os fatores de risco.

Criar um plano revisto implica realizar os passos de desenvolvimento do plano e assim é somente realizado quando as condições invalidam o cronograma planeado porque já não pode ser alcançado. O processo carece do acordo das partes envolvidas e, designadamente, do cliente.

Se não forem identificadas nem mudanças nem tendências de alteração e o status do projeto segue de acordo com o plano, a previsão do cronograma não é mais do que o plano existente com as diferenças ligeiras da execução.

No entanto, com a revisão decidida, o planeador deve introduzir quaisquer novas atividades, apagar atividades e rever a lógica e / ou as durações com base na informação fornecida pela equipa. O plano deve ser recalculado com a nova Data Date revista para garantir que os dados foram introduzidos corretamente. O plano pode agora ser guardado como uma Baseline (com 'Revisão' adicionada ao título) para monitorizar as variâncias à atualização feita 'só ao status' bem como à prévia atualização e à Baseline contratual do projeto.

Com o P6 é possível realizar uma atualização da Baseline contratual (desde que aprovada pelo cliente), antes da revisão para inclusão de alterações menores nas atividades (exceto as com dados reais), inclusão de novos documentos e notas, novos riscos.

Neste processo é permitido apagar atividades que já não se encontram no projeto corrente por indicação do cliente. Este processo de atualização escreve um registo de modificações efetuadas que deve ser revisto no final. Como habitual devem ser tomadas todas as necessárias precauções para evitar realizar ações das quais não podemos recuar.

OS TIPOS DE PERCENTAGEM DE CONCLUSÃO E OS RECURSOS

Quando se define o processo a seguir na atualização dos recursos e dos requisitos contratuais e/ou internos para as obrigações de pagamento e recursos, deve considerar os meios de atualização de cada recurso ao nível do tipo da atividade de acordo com o 'percent complete type' a utilizar.

Quando o pagamento é baseado na performance do trabalho, o utilizador deve considerar como é que cada atualização da atividade irá afetar o custo e as quantidades dos recursos para aquela atividade. A performance do trabalho no P6 é atualizada automaticamente (exceto quando especificado em contrário) pela utilização da percentagem de conclusão.

Temos três tipos de percentagem de conclusão ao nível da atividade: 'duration percent complete', 'physical percent complete'e 'units percent complete'.

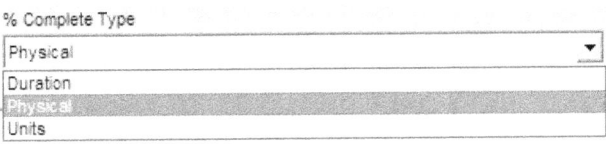

Ilustração 39 - Tipos de activity percent complete

O tipo de <u>percentagem de conclusão da duração</u> está diretamente associado com a 'Original Duration' e 'Remaining Duration' da atividade. Este tipo de percentagem é usado para atualizar os custos/unidades dos recursos. Contudo, quando o pagamento é baseado na performance do trabalho e nos materiais disponíveis, a percentagem de conclusão da duração pode não refletir os custos reais até à data. Este tipo é utilizado para projetos em que o controlo da duração é muito importante.

Percent Complete = (Original Duration – Remaining Duration) / Original Duration * 100. Equação 1.

A <u>percentagem de conclusão física</u> é introduzida manualmente (ou introduzida pelos recursos). Este tipo de percentagem não tem uma correlação com a conclusão da duração da atividade ou das unidades. Esta opção não pode ser utilizada para atualizar os custos/unidades dos recursos e as despesas.

Na maioria dos projetos de grande dimensão e EPC em que o P6 é utilizado contratualmente a percentagem física é a aconselhada.

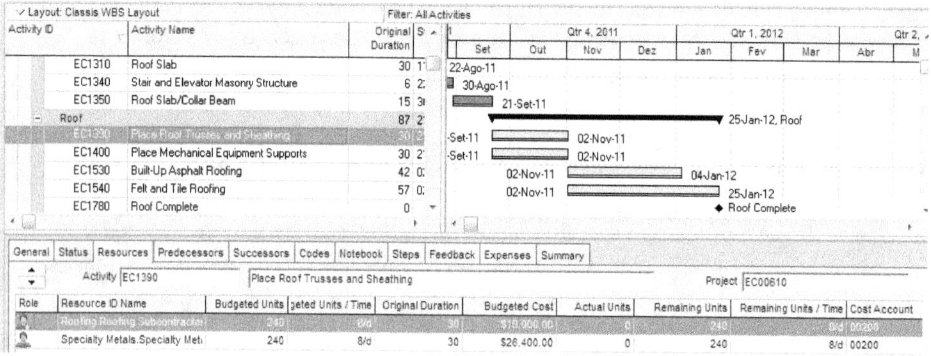

Ilustração 40 - Dados dos recursos em % física de conclusão

A <u>percentagem de conclusão das unidades</u> está diretamente associada com os recursos de labor e nonlabor da atividade. Esta opção pode ser utilizada para atualizar os custos/unidades dos recursos.

Percent Complete = Actual Units / At Completion Units * 100. Equação 2

Deve estar consciente que os dados reais com a percentagem de conclusão física deverão ser introduzidos manualmente ao nível do recurso e da despesa para cada atividade. Nos casos em que a performance do trabalho do plano de projeto está diretamente ligada ao pagamento, o que é o caso na maioria dos projetos de grande dimensão, não pode ser feita a utilização das percentagens de duração ou de unidades (quando associadas com atividades com Lump Sum) assim, resta a utilização da percentagem de conclusão física.

OPTIMIZAÇÃO DO PLANO

A otimização do plano requer uma revisão consistente da definição dos recursos e dos detalhes das atividades no decurso do desenvolvimento do plano. A avaliação e análise dos eventos críticos dentro do plano definem a capacidade do planeador de projetar e gerir a vida do projeto. A compreensão das regras de cálculo do plano que determina as suas atividades críticas é fundamental nas etapas iniciais do desenvolvimento do plano bem como na manutenção do plano já em estado maduro.

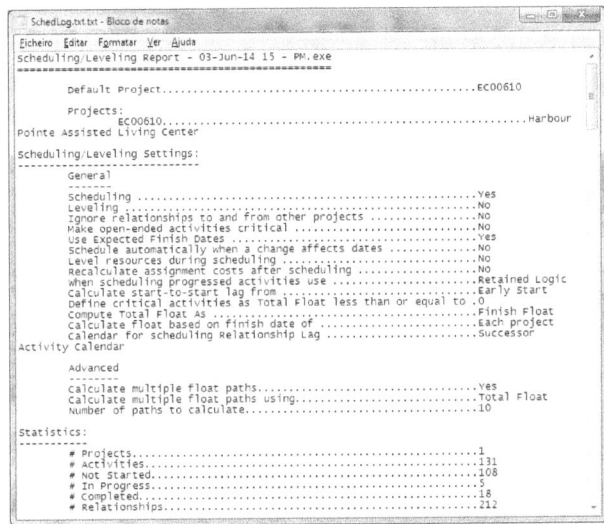

Ilustração 41 - Análise do Log para otimização

O P6 oferece múltiplas fontes de informação para a otimização do plano durante a fase de desenvolvimento do plano de projeto. O Log de 'Schedule' (uma opção que encontramos quando atualizamos e/ou calculamos o plano) analisa os dados do agendamento com base em regras predefinidas de CPM (Método do Caminho Crítico). Conforme os dados vão sendo introduzidos e o agendamento é calculado desde a data de dados (data date) definida até à conclusão do projeto e para trás, pode ser fornecida um registo analítico do agendamento para avaliação do desenvolvimento do mesmo e do caminho crítico. Este registo mostra as definições de cálculo estabelecidas para o projeto particular (estabelecidas em menu Tools→Schedule → Options).

Estas opções de Schedule definem como o cálculo considera de forma pura a duração e a sequência do trabalho ou se o nivelamento de recursos (com base nas alocações dos recursos e das suas limitações) e até que ponto. Permitem ainda que o recálculo de custos das atribuições de recursos seja automaticamente feito de cada vez que o projeto é calculado desta forma atualizando os custos das atividades para refletirem quaisquer novos valores ou modificações dos preços/unidades.

Ainda tem opções importantes para a forma de tratamento das atividades progredidas, de que falámos antes, (Retained Logic, Progress Override e Actual Dates) e o método de definição das atividades críticas (Total Float e Longest Path).

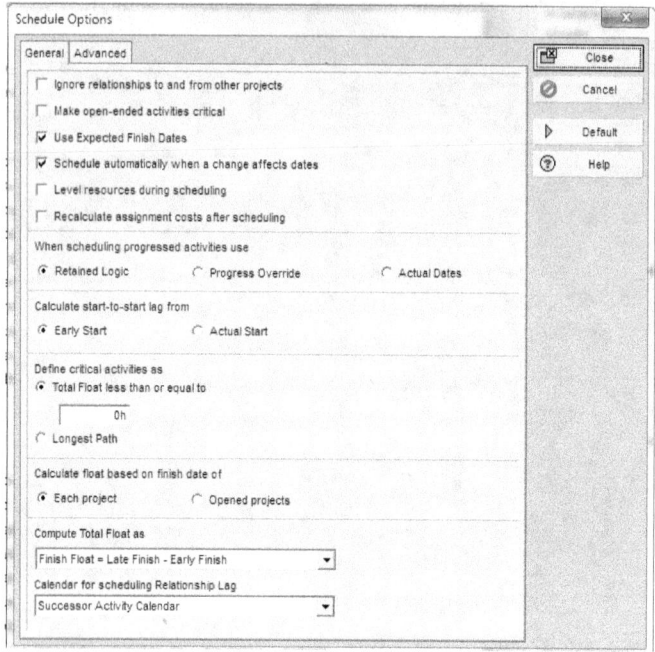

Ilustração 42 - Opções de Schedule

O P6 tem a possibilidade, se tiver os privilégios de acesso para o efeito, de sequenciar as atividades relativamente a outros projetos com base em requisitos de um programa. As opções de agendamento ('Schedule') permitem determinar que o utilizador pode ignorar as relações entre projetos, para poder rever os eventos críticos específicos do projeto ou considerar estas ligações para analisar todo o caminho crítico do programa (projetos múltiplos), onde a última data de fim dos últimos projetos abertos é usada como o ponto de partida para o backward pass.

O processo de agendamento

Todas as atividades do plano deverão estar relacionadas e terá uma atividade inicial (uma atividade sem predecessor) e uma atividade de fim (uma atividade sem sucessor). Para além destas duas atividades com open-end (fins em aberto), todas as outras atividades no plano deverão ter relações de predecessor e sucessor com poucas ou nenhumas exceções.

As regras de Schedule determinam como serão tratadas estas exceções relativamente à sua criticidade.

Conforme são adicionadas relações de precedência ao projeto, através das opções de scheduling, pode definir-se que o Schedule irá calcular a data mais tarde de forma automática conforme as mudanças são realizadas. Quando se desenvolve a precedência entre as atividades e se usa lag com os dias de espera, estes são calculados, por omissão, com base no calendário da atividade predecessora.

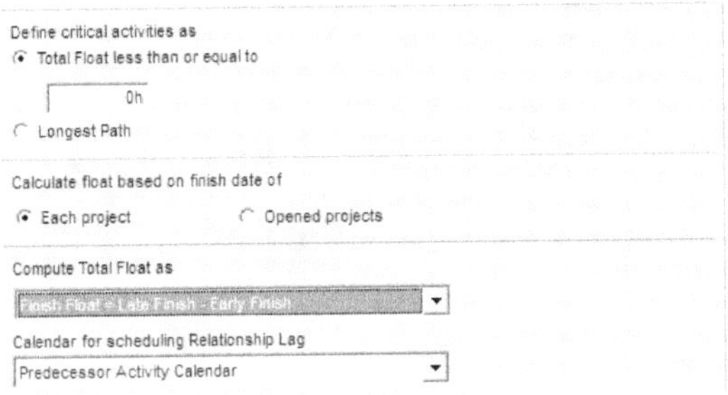

Ilustração 43 - Tipos de cálculo do caminho crítico

Pode ainda, através das opções de Schedule, escolher como o P6 irá tratar as atividades com open-end no caminho crítico e se o Total Float (baseado num número de horas definido pelo utilizador) será usado para medir o caminho crítico ou se será usado o caminho mais longo ('Longest Path').

Debaixo do separador de opções avançadas de Schedule o utilizador pode selecionar se quer que o P6 calcule múltiplos caminhos de Float ou Total Float ou Free Float. Quando se utiliza o Total Float, a aplicação determina, com base nas mais críticas relações de precedência, cada caminho crítico. Quando se utiliza o Free Float, a aplicação utiliza o Longest Path para identificar a última data de fim calculada traçando as relações determinantes para trás através do plano.

Com base no número especificado de caminhos para calcular, o P6 irá armazenar cada caminho dentro do campo de caminho de float (Float Path Column).

ENCURTAR O CAMINHO CRÍTICO

As ferramentas de gestão de projeto, como o P6, são também identificadas como de gestão de caminho crítico. Apesar da sua designação «caminho crítico» que, em português, parece quase a aproximação do desastre, o caminho crítico é meramente uma designação técnica.

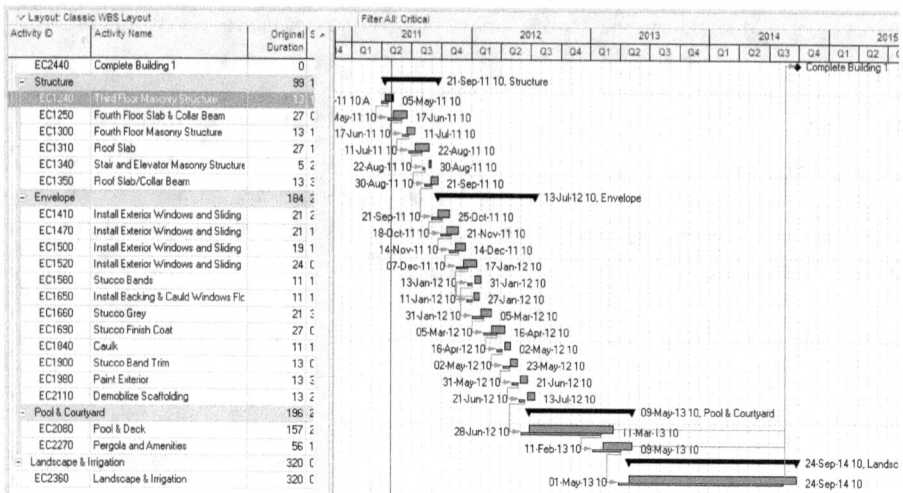

Ilustração 44 - Filtro do caminho crítico

O caminho crítico é, de facto, o conjunto de atividades que determinam o tempo de conclusão do projeto. A duração das atividades no caminho crítico controla a duração da totalidade do projeto e um atraso para qualquer destas atividades irá atrasar a data de fim de todo o projeto. As atividades críticas são definidas pela folga total (total float) ou pelo caminho mais longo na rede do projeto.

Para encurtar a duração de um projeto que é usualmente o propósito da otimização, o foco deve estar apontado para o caminho crítico. Assim, filtre as atividades críticas e realize qualquer dos seguintes ajustes:

- Introduza durações originais ou remanescentes mais curtas (trabalhe mais rápido);

- Se tem recursos atribuídos a uma atividade reduza a duração do trabalho desses recursos ou incremente o número de unidades atribuídas para reduzir a duração da própria atividade (use mais pessoas ou mais equipamento).

- Mude o calendário alocado, mude os dias sem trabalho por dias de trabalho (mais tempo de trabalho).

- Utilize relações de início para início para sobrepor atividades (trabalhe em mais do que uma atividade ao mesmo tempo).

- Divida as atividades de longa duração em atividades mais pequenas, para que algumas destas partes possam ser sobrepostas (trabalhe em mais do que uma parte de uma atividade simultaneamente).

Algumas atividades podem aparecer como críticas sem se encontrarem no caminho crítico, isso acontece se, por exemplo, fizerem parte de uma rede com 'open end'. Pode ser necessário retirar essa indicação do agendamento realizado para concentrar a atenção no caminho crítico.

A revisão e simplificação das relações entre as atividades apoiam o processo de melhoria do agendamento, para que este possa ser uma ferramenta útil de controlo.

Rever/Analisar o Projeto

ANÁLISE DO PLANO

Durante a execução do projeto realiza-se com regularidade o processo de atualização e acompanhamento. Este processo corresponde á introdução de dados de execução real e depois o recálculo do projeto (Schedule)[1]. Depois de introduzir os dados no P6 e antes de distribuir qualquer layout prévio do plano ou relatórios para a equipa, o planeador deverá fazer uma Auto verificação dos dados introduzidos e da lógica.

Quando realiza o cálculo do cronograma (menu Tools, Schedule) pode ser criado um ficheiro de registo (log) que identifica as configurações de cálculo e as questões potenciais que afetam o cronograma. Este log deve ser regularmente revisto.

Os itens que devem ser revistos no P6 são:

- Os 'open ends' (atividades sem Predecessores e/ou Sucessores),

- As Atividades com relações pendentes (ligações Start-to-Start e/ou Finish-to-Finish sem Predecessores e/ou Sucessores),

- Ligações de lags incorretos (negativos) ou sobrepostos (lag de Start-to-Start que excede a duração da atividade ou lag de Finish-to-Finish que excede a duração do sucessor e que resultarão em intervalos na sequência),

- Progresso fora da sequência (lógica incorreta com base no progresso atualizado),

- Datas reais no futuro (data de status real depois da Data Date),

- Tempos incorretos (os tempos de start/finish não estabelecidos de acordo com os tempos do dia de calendário de start/finish),

- Atividades na Data Date (verificar lógica de predecessores),

- Valores de folga excessivos (com base na duração do contracto e na folga permitida) e

---

[1] No final, incluímos um anexo que detalha a atualização de um projeto em Nível 3.

- Folga negativa (verificar a causa e a responsabilidade bem como os requisitos contratuais para demonstrar e suportar os impactos no trabalho).

```
Errors:
--------
warnings:
---------
    Activities without predecessors...................................7
            Project:        EC00610 Activity:    EC1000  Curbing
            Project:        EC00610 Activity:    EC1010  Building Pad Delivered by Owner
            Project:        EC00610 Activity:    EC1020  Start Garage
            Project:        EC00610 Activity:    EC1040  Electric to Building 4 Power Vault
            Project:        EC00610 Activity:    EC1050  Electric to Building 3 Power Vault
            Project:        EC00610 Activity:    EC1100  Storm Drainage Site Work
            Project:        EC00610 Activity:    EC1420  Start Garage

    Activities without successors....................................4
            Project:        EC00610 Activity:    EC1040  Electric to Building 4 Power Vault
            Project:        EC00610 Activity:    EC1050  Electric to Building 3 Power Vault
            Project:        EC00610 Activity:    EC1610  Curbs & Paving
            Project:        EC00610 Activity:    EC2430  Substantial Completion - All TCO

    Out-of-sequence activities.......................................0

    Activities with Actual Dates > Data Date.........................0

    Milestone Activities with invalid relationships..................0

    Finish milestone and predecessors have different calendars.......0

Scheduling/Leveling Results:
----------------------------
            # Projects Scheduled/Leveled............................1
            # Activities Scheduled/Leveled..........................131
            # Relationships with other projects.....................0
            Data Date.......................................25-Jul-11 00:00
            Earliest Early Start Date.......................25-Jul-11 00:00
            Latest Early Finish Date........................24-Sep-14 10:40
            Number of float paths...................................10
Exceptions:
-----------
    Critical Activities.............................................20
            Project:        EC00610 Activity:    EC1310  Roof Slab
            Project:        EC00610 Activity:    EC1340  Stair and Elevator Masonry Structure
            Project:        EC00610 Activity:    EC1350  Roof Slab/Collar Beam
            Project:        EC00610 Activity:    EC1410  Install Exterior Windows and Sliding Glass Doors
```

Ilustração 45 - Log de Schedule com erros

As novas atividades devem ser revistas nas suas durações e relações, bem como no impacto para o plano no seu todo. O planeador do projeto da construção deve rever o caminho crítico e o caminho quase crítico no P6 para se assegurar que estão razoáveis.

O cronograma total deve ser revisto para identificar quaisquer áreas de preocupação como a viabilidade de construção e as especialidades necessárias.

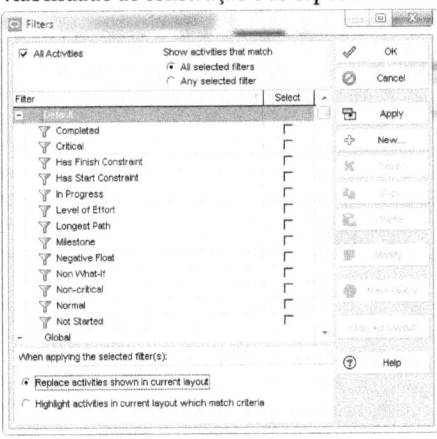

Ilustração 46 – Filtros para rever questões

São utilizados os filtros standard ou adaptados do P6 (Activity Window, View menu, Filters) e relatórios para através de outros olhares serem analisadas estas questões.

O QUE REPRESENTA A FOLGA

A análise da folga é uma das questões da análise do caminho crítico, já que identifica a dimensão até onde uma atividade pode ser atrasada e não ter impacto na conclusão do projeto. A folga em qualquer atividade não existe para que as pessoas na atividade a possam usar pois não fornece nenhum atraso à atividade. Quem é então o proprietário da folga?

O conceito de propriedade da folga varia por projeto:

- Em trabalhos complexos a folga pertence ao projeto e não ao empreiteiro ou dono da obra.

- As partes responsáveis pela coordenação geral da obra e do seu controlo é que ditam o uso a dar à folga.

Que tipos de folga existem?

Existem três tipos de folga que têm diferentes interpretações: Folga total, Folga livre e Folga negativa.

A **Folga Total** – representa a quantidade de tempo que uma atividade pode exceder a sua data de fim mais cedo sem afetar a data de fim do projeto ou outras datas impostas.

A **Folga Livre** – é a quantidade de tempo que uma atividade pode exceder a sua data de fim mais cedo sem afetar a data de início mais cedo de quaisquer dos sucessores. Quando muito elevada, significa ainda que a atividade não tem sucessores definidos.

A **Folga Negativa** – é a quantidade de tempo que o início ou fim de uma atividade excede o tempo permitido. Muitas vezes ocorre devido a uso de constrangimentos mandatórios ou rígidos.

Um projeto não deve ter folgas negativas pois representam um erro de agendamento e a folga total deve ser controlada. Demasiada folga total significa que o projeto não tem um caminho crítico adequado com open ends, lags e constrangimentos irregulares.

COMPARAR A ACTUALIZAÇÃO CORRENTE COM A ANTERIOR

A performance de um projeto é destacada ao comparar a atualização corrente do plano ao anterior e /ou ao plano contratual. A avaliação do plano é usualmente reportada com a utilização de um gráfico do plano (bar chart) que mostra o planeado e o status da atividade real do plano.

A avaliação pode ser visual com a introdução de barras de visualização do baseline de comparação, por exemplo, plano com baseline ou plano com baseline do último período.

No Primavera P6, o planeador pode, ainda, criar um layout de comparação pela atribuição das Baselines adequadas (Project menu, Assign Baseline) e selecionando as barras de Baseline (View, Bars) e as colunas de dados da Baseline. O planeador deve estar consciente que vários tipos de Baseline (Baseline do Projeto versus User Baselines – Primary, Secondary, e Tertiary) irão permitir vários níveis de dados (a Primária irá dar mais dados que a Secundária. Igualmente, a Secundária irá permitir dar mais dados de comparação que a Terciária).

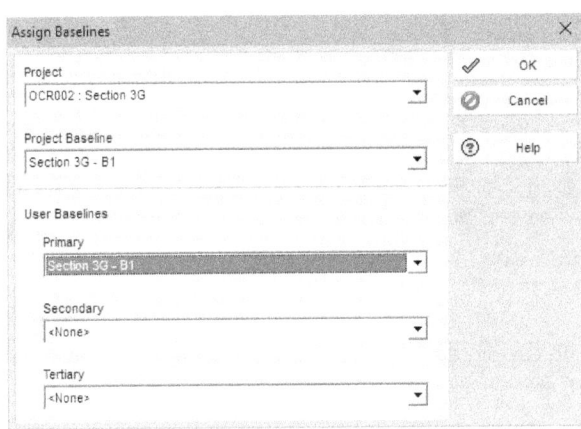

Ilustração 47 - Assign Baselines

A variância de performance de cronograma pode ser expressa quer como a quantidade de tempo quer como a percentagem da duração planeada que o cronograma está avançado ou atrasado.

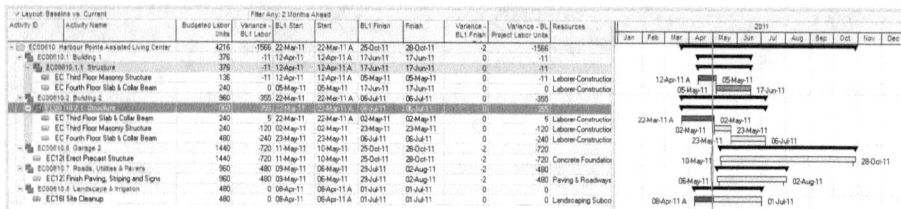

Ilustração 48 - Análise de variâncias no gráfico de barras

No P6, as configurações de cálculo de valor ganho (Admin Preferences menu, Earned Value) determinarão como serão calculadas as variâncias. As opções do P6 são: 'At Completion values with current dates', 'Budgeted values with current dates' e 'Budgeted values with planned dates'.

Podem, entretanto, ser definidos valores diferentes destas configuraçõe4s para cada elemento da WBS.

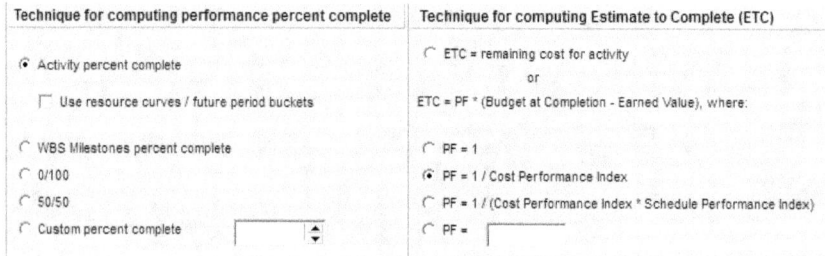

Ilustração 49 - Configuração de valor ganho na WBS

Numa comparação standard entre os dados do plano corrente e da Baseline é recomendado usar a opção de "Budgeted values with current dates". A configuração definida é global, ou seja, não é específica do projeto e afeta todos os projetos na base de dados do Primavera.

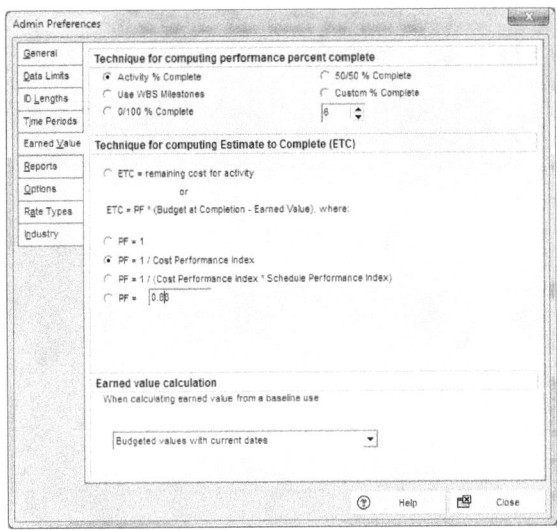

Ilustração 50 - Opções de valor ganho

Como sugestão e como um layout útil para comparação em P6 este incluirá as colunas seguintes: Calendar, Activity ID, Activity Name, Start, Finish, Baseline Start, Baseline Finish, Original Duration, Actual Duration, Remaining Duration, Baseline Actual Duration, Baseline Remaining Duration, Total Float, Free Float, Baseline Total Float, Baseline Free Float, Variance Baseline Start Date, Variance Baseline Finish Date, Predecessors, Successors, Critical.

Este layout em P6 deverá incluir as barras correntes e da Baseline para mostrar graficamente as variâncias da Baseline.

REVEJA OS RELATÓRIOS / LAYOUTS DA LÓGICA E AS MUDANÇAS NO P6

O planeador deve fornecer à equipa os relatórios da lógica e os layouts para que o plano possa ser avaliado com o intuito de determinar se a lógica para os trabalhos remanescentes é ainda válida (por exemplo, se a performance real está dentro ou fora de sequência). Esta observação, em conjunto com a análise do custo, recursos, produtividade, processo de trabalho e avaliações de performance (isto é, tendências) serão utilizadas no processo de previsão para avaliar o plano e o cronograma para o trabalho remanescente e para enfrentar tendências e mudanças.

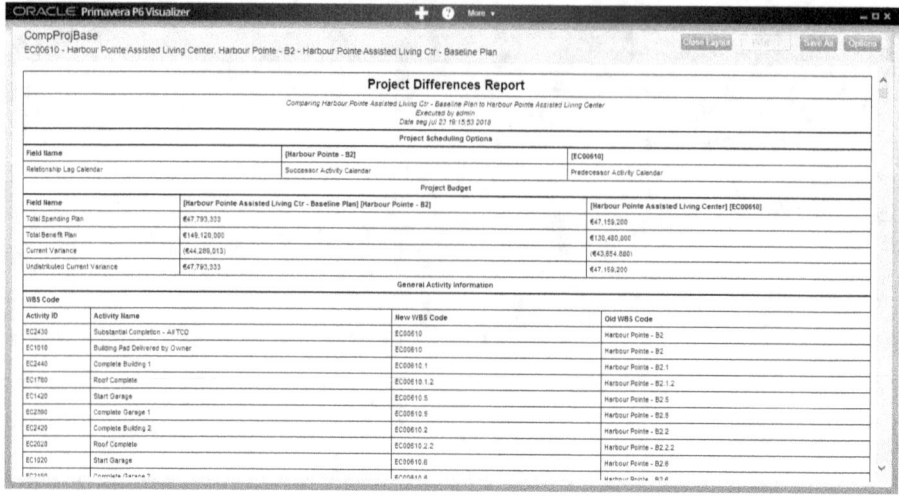

Ilustração 51 - Revisão de mudanças com Visualizer

O planeador e a equipa devem rever a lógica e as mudanças feitas durante a atualização do P6; estas podem ser rapidamente identificadas com o uso do Claim Digger ou Visualizer.

FINALIZAR E MANTER A BASELINE (DA ATUALIZAÇÃO FINALIZADA)

Depois de a equipa ter revisto e aprovado a proposta de atualização (podem haver diversos rascunhos), o planeador finalizará a atualização, reportá-la e iniciar novo ciclo de atualização.

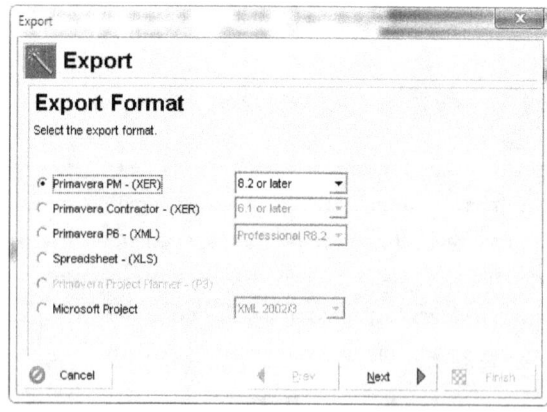

Ilustração 52 - Processo de exportação / importação

O ficheiro deve ser mantido como uma Baseline em P6 (Project, Maintain Baseline, Save Copy), e exportado e guardado numa localização segura. O processo de gestão da mudança em integração com o processo de previsão, resulta numa Baseline de controlo do projeto revisto contra a qual a performance pode ser medida e avaliada para o projeto remanescente.

Comunicar o Projeto

Comunicar o Plano à equipa, às partes interessadas e ao cliente é uma responsabilidade da gestão e controlo do projeto para manter os responsáveis pelo trabalho informados dos resultados obtidos. A comunicação é realizada através dos relatórios de controlo e das previsões correntes, que se obtém a partir dos dados introduzidos no plano e alimentados pelas atualizações feitas.

CRIAÇÃO DE LAYOUTS E RELATÓRIOS ÚTEIS

O planeador deve fornecer à equipa vários layouts e relatórios que permitam comunicar o plano atualizado. O P6 permite criar relatórios e layouts que incluem gráficos de barras, planos de previsão, seleções de caminho crítico e de quase caminho crítico e de responsabilidades.

Cada um destes layouts pode ser guardado como 'Global' (disponível para todos os projetos na base de dados, como 'User' (só disponível para o utilizador) e 'Project' (específico do projeto corrente – opção mais usada em projeto).

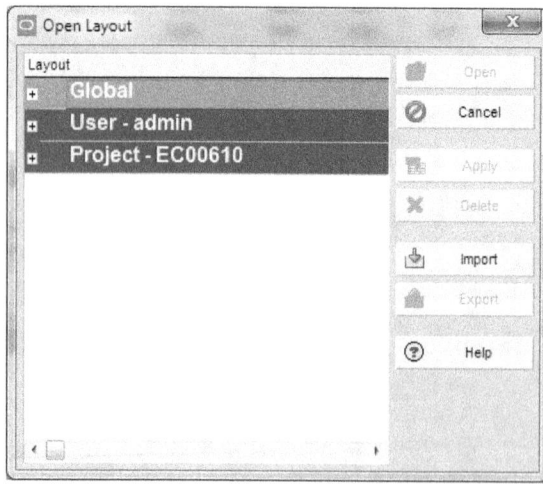

Ilustração 53 - Categorias de layouts de atividades

Para auxiliar na avaliação das prioridades de gestão, os relatórios de status do cronograma podem incluir listas de atividades ordenadas pelas datas de início planeadas (atividades que exigem atenção imediata), datas de fim planeadas pendentes ou por folga total (atividades com maior potencial imediato de terem impacto na conclusão do projeto).

O P6 contém, de origem, muitos relatórios tabulares que descrevem os dados do cronograma, os recursos e custo e estes podem ser customizados ou alargados pelo uso do 'Report Editor' e do 'Report Wizard'.

Ilustração 54 - Relatórios predefinidos

A interessante possibilidade de adaptar as colunas de dados de um layout e poder transformá-lo no próprio relatório de dentro do P6.

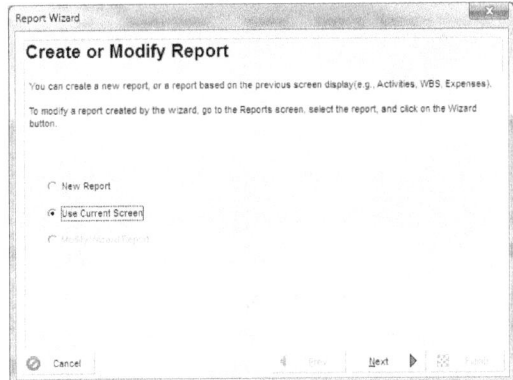

Ilustração 55 - Relatório a partir do ecrã

Adicionalmente tem a possibilidade de copiar e colar numa folha de cálculo os dados da tabela onde se encontra na janela de Atividades. Os dados assim transportados não podem ser reimportados para o P6.

A edição de relatórios permite copiar e modificá-los, conforme necessário, ou criar novos de acordo com os objetivos de apresentação. Para isso deve utilizar-se o menu Tools→ Report Wizard, ativo na janela de Atividades.

Quando se corre o wizard podemos criar um relatório ou baseá-lo no ecrã presente e pode ainda modificá-lo se nos encontrarmos na janela de Relatórios. Só são editáveis os relatórios criados com o Report Wizard e que possuem um ícone similar.

O assistente acompanha-nos na seleção dos dados a mostrar e permite filtrar, agrupar e alinhar como necessário.

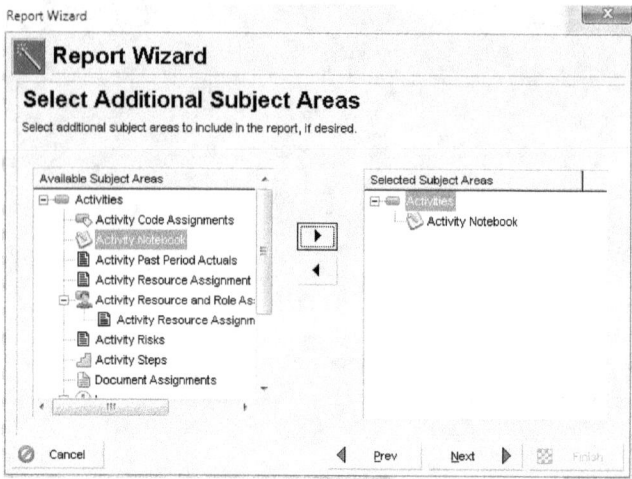

Ilustração 56 - Report Wizard

VISÃO GRÁFICA DO USO DE CUSTOS E UNIDADES

O P6 tem a possibilidade através dos perfis de ver graficamente o uso de custos e unidades de Recursos e das Atividades. O acesso a estas funcionalidades é realizado na janela de Atividades com a escolha de Uso das Atividades ou Uso dos Recursos e a realidade em ambos os casos é apresentada na forma de uma tabela ou na de um gráfico linear ou de barras, ou de combinação.

Ilustração 57 - Seleção de Uso

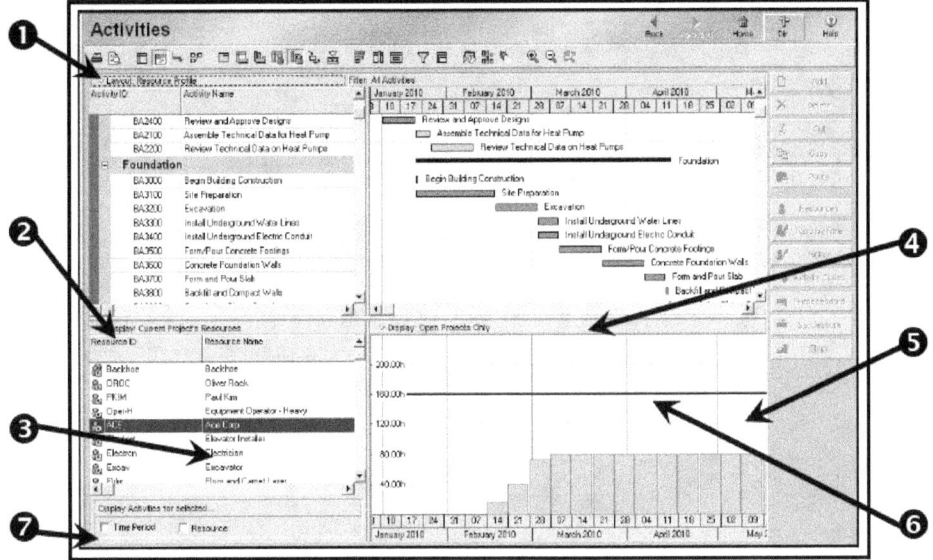

Ilustração 58 - Perfil de Uso dos Recursos

1) Para mostrar o 'Resource Usage Profile', na barra de 'Layout Options' escolha 'Show on Bottom' e o perfil.

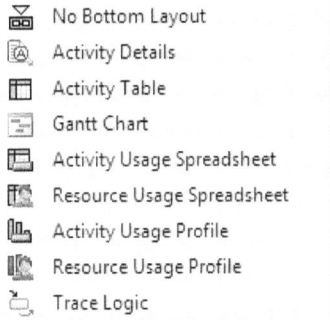

Ilustração 59 - Show on Bottom

2) Use as opções de 'Display' para adaptar ou mostrar 'Roles' ou Recursos.

3) Painel da esquerda mostra 'Roles' ou Recursos.

4) Utilize as opções de 'Display' do painel da direita para adaptar a vista.

5) O painel da direita mostra gráficos de barras ou sobrepostos.

6) Linha de limite – o uso acima do limite significa sobre alocação.

7) Em 'Display Activities for selected', marque Recurso para ver as atividades para o recurso selecionado. Marque 'Time Periods' para ver as atividades do período selecionado.

O perfil permite identificar com rapidez áreas de sobrealocação e as áreas de custo diferenciadas do orçamentado no projeto.

Com a utilização do 'Resource Usage Spreadsheet' pode ainda analisar as unidades ou custos para recursos e 'Roles' num interface em tabela. Esta análise pode ser para cada recurso ou 'Role' no projeto ou para todos os projetos. Permite verificar as alocações e identificar com 'Display Activities for selected' os 'Roles' ou atividade abrangidas no recurso selecionado.

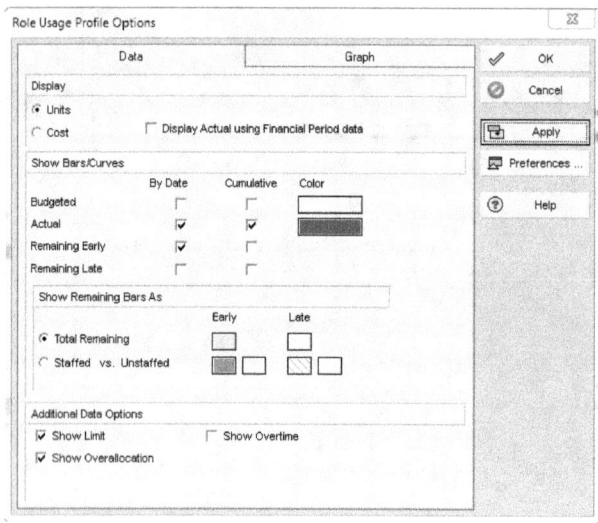

Ilustração 60 - Opções de perfil de uso dos recursos

Existem opções variadas de perfis para recursos e atividades que mostram graficamente os custos e unidade alocados e a sua comparação entre orçamentado e real com evolução cumulativa ao longo do tempo, permitindo intervir e comunicar importantes métricas de projeto.

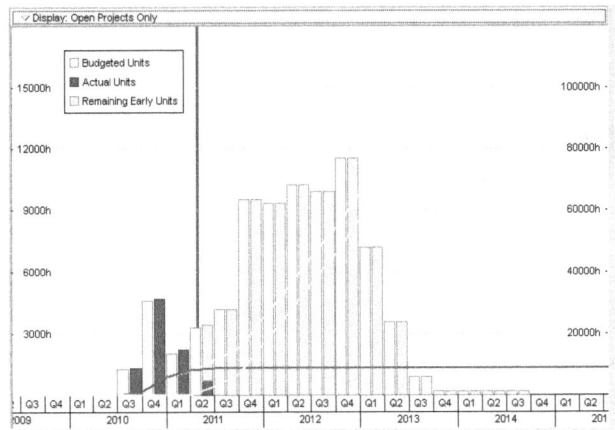

Ilustração 61 - Gráfico de perfil de uso dos recursos

Os gráficos que os perfis permitem obter podem ser impressos para demonstrar a situação corrente do projeto e comunicá-la aos outros participantes do projeto.

Em muitos casos os gráficos histogramas apresentados são documentados em paralelo pelas tabelas de dados correspondentes.

REPORTING DO PROGRESSO

O Reporting de progresso é um elemento chave da gestão de projeto. Os relatórios devem ser produzidos pelo planeador e devem circular entre as partes interessadas numa base regular, como antes vimos de forma semanal ou mensal. As seguintes pessoas devem ser incluídas na lista de distribuição:

- Sponsor do projeto

- Responsável pelo orçamento

- Representantes dos utilizadores

- Membros da equipa

Há três componentes principais no status do projeto:

Em geral: É essencial para todos perceber qual a saúde geral do projeto. Como gestores queremos poder ser capazes de detetar um projeto com problemas. Também queremos poder fazer esse diagnóstico, porque podemos não conhecer tudo apesar de todos os esforços para comunicar e o projeto pode não estar tão saudável como nos parece.

Milestones: O projeto tem realizações maiores que devem ser completadas até datas específicas. Necessitamos saber quais as milestones que estão concluídas, quais se encontram em progresso e quais se estão a aproximar. Isto permitir-nos-á analisar o cronograma e decidir se estamos bem ou se devemos fazer alguma coisa para o mudar.

Questões: o projeto terá um ou mais obstáculos à realização que foram sendo descobertos. Temos de ter, de forma breve, os detalhes narrativos sobre cada uma destas questões para podermos tomar decisões sobre se devemos intervir ou não.

O relatório deve ser breve e claro relativamente aos pontos-chave no projeto. Recomendam-se os seguintes tópicos para um máximo de 2-3 folhas:

a) Data do relatório

b) Status do Projeto

c) Sumário do Projeto

d) Questões-chave

e) Riscos identificados

f) Atividades e próximos passos

g) Decisões necessárias

h) Datas-chave futuras

i) Informação do orçamento

j) Gastos até à data

Estes pontos garantem que as pessoas são informadas, envolvidas e comprometidas. A comunicação regular é essencial para o bem-estar de qualquer projeto. As falhas mais comuns nessa área são:

- Canais de comunicação pobres

- Falha numa comunicação honesta

- Relutância em comunicar as más notícias

O reporting regular de projeto cria um registo escrito valioso sobre a vida do projeto. Este poderá ser usado para rever e decidir como podem ser melhorados os futuros projetos.

Os layouts criados em P6 para os relatórios de progresso devem ser guardados na aplicação como layouts de relatórios do projeto e reutilizados em todos os relatórios.

Relatórios Mensais Típicos num Contrato

As obrigações contratuais normais para relatórios de progresso mensais em contratos de grande dimensão, que são apoiados em sistemas de gestão em que o P6 é central, são os seguintes.

O empreiteiro deve apresentar relatório referente ao mês precedente de execução dos trabalhos. O relatório mensal consiste nos seguintes elementos.

1) Relatório mensal de acidentes e doenças.
2) Curva S indicando o progresso global até à data em relação como progresso planeado.
3) Narrativa cobrindo a execução dos serviços e o seu status mas não limitada a:
   a) Gráfico sumário que apresente o progresso planeado, real e previsto para todo o âmbito de serviços.
   b) Uma declaração dos serviços realizados comparados com os serviços planeados, incluindo as ocorrências significativas, atrasos e quaisquer ações corretivas.
   c) Uma comparação entre o número total de homens empregues nos serviços e o número planeado. Apresentação das razões para lacunas significativas.
   d) Uma lista de todas as preocupações críticas, quer sejam da responsabilidade do empreiteiro ou não, que possam ter efeito na qualidade, segurança, custo ou conclusão planeada dos serviços.
   e) Gráfico da performance por tipo maior e disciplina e global.
   f) Curvas de progresso por disciplina e tipo de atividade principal com apresentação de planeado, real e previsão.
   g) Curvas e tabelas demonstrando as quantidades instaladas relativamente ao plano.
   h) Uma visão geral da Garantia de Qualidade.
   i) Plano de gestão atualizado com o progresso real.

Este relatório mensal é suportado em layouts do P6 para demonstrar o progresso que são desenvolvidos a partir do plano. Para os layouts de Gantt chart ou de tabelas, o processo de criação é evidente pois decorre do processo base.

Para os layouts que incluem curvas, dependemos da prévia inclusão de valores de unidades de trabalho e / ou de custo no programa. A sua obtenção como report do projeto pode ser obtida em folha de cálculo ou em gráficos de barras, ambos podem ser guardados como layouts para replicar nos períodos de controlo do projeto,

ÍNDICES E MÉTRICAS

As Métricas e Índices mais utilizados para medir a performance de projetos podem todas ser apresentadas em relatórios e / ou layouts do P6. Existem algumas condições prévias para a obtenção destas métricas, a primeira das quais é que o projeto deve incluir informação de valores de custo das atividades, seja diretamente, seja através do carregamento de recursos com custo atribuído. As principais métricas são:

1) Earned Value

2) Percent Complete

3) BCWS (Budgeted Cost of Work Scheduled) – Planed Value

4) BCWP (Budgeted Cost of Work Performed) – Earned value

5) ACWP (Actual Cost of Work Performed) – Actual Cost

6) SV (Schedule Performance)

7) SPI (Schedule Performance Index)

8) CV (Cost Variance)

9) CPI (Cost Performance Index)

Vamos proceder a uma explicação destes elementos e métricas, mas antes de realizarmos uma abordagem para a sua explicação, temos de compreender algumas ideias fundamentais da medida do progresso e na análise de valor ganho. O valor é ganho pelo cliente visto que ele obtém resultados do dinheiro gasto com o projeto que são realizados com o trabalho do empreiteiro, em comparação com o planeado.

Quando é necessário calcular a **percentagem de conclusão** de uma combinação de atividades de trabalho ou para todo um projeto é utilizada uma técnica essencial denominada «gestão de valor ganho». Podem ainda ser utilizadas designações como «valor alcançado», «valor concluído», «medida da quantidade física».

O orçamento de projeto é expresso quer em horas/homem quer em euros ou dólares e o valor ganho está ligado diretamente ao orçamento. Muxitos projetos estão constrangidos por orçamentos fixos, outros têm alguma folga ou orçamentos variáveis. As técnicas de valor ganho podem ser aplicadas em ambas as situações, muito embora haja diferença no detalhe da aplicação possível.

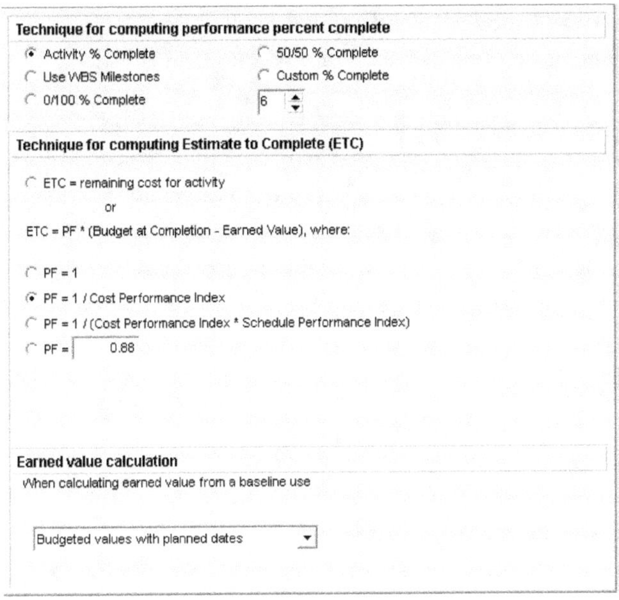

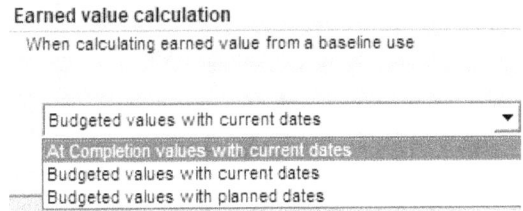

Ilustração 62 - Opções de Valor Ganho

O P6 permite a definição global das opções de gestão do valor ganho (em Admin➔ Admin Preferences ➔ Earned Value. As opções fundamentais são duas: Técnica para calcular a performance % complete e a Técnica para calcular o Estimado para a Conclusão (ETC). podem ser usadas 3 técnicas de cálculo do valor ganho relativamente à baseline.

A opção mais usada é a de 'Budget values with currente dates' e significa que as datas correntes serão o Start/Finish da atividade ou atribuição de recurso. Estas opções podem ser customizadas para cada WBS do projeto.

Ilustração 63 - Cálculo de valor ganho

Gestão do Valor Ganho

O Valor Ganho é uma técnica que mostra com clareza onde é que estamos a obter Valor pelo Dinheiro. É uma componente de grande importância nas Melhores Práticas de Gestão de Projeto e é obrigatório nos Estados Unidos e Austrália. Começa a ser discutido para aplicação no resto do mundo e começa a ter utilizado cada vez mais no Reino Unido.

A técnica, em breve, identifica o valor do trabalho útil realizado num ponto dado do tempo, em todas as áreas em todos os níveis dentro do projeto. Por comparação com o plano original, o Valor Ganho pode ser usado para identificar outros parâmetros tais como tempo para a conclusão, custo para a conclusão e custos finais esperados. Permite, também, ao gestor do projeto identificar aquelas áreas do projeto que estão a correr bem, aquelas que estão com problemas e permite, ainda, o cálculo de percentagem de progressos e índices de performance. [2]

O Valor Ganho pode ser usado em praticamente todas as situações de projeto e em quaisquer ambientes. Pode ser usado em grandes e em médios projetos, bem como em pequenos e em qualquer sector do mercado.

A boa gestão de projeto irá produzir bons dados de Valor Ganho e a gestão de projeto fraca produzirá dados pobres. Uma boa e competente interpretação e aplicação da técnica irá fornecer uma contribuição da maior importância para garantir o sucesso do projeto.

O que é que o valor Ganho faz?

Para obter dados de Valor Ganho num projeto há que pensar nele como um sistema de dados e um sistema integrado de gestão. Os princípios essenciais para preparar um plano para EVM são: planear todo o âmbito do trabalho até à conclusão e integrar os objetivos do âmbito do trabalho, agendamento e custo, num plano base através do qual possam ser medidos os resultados destes objetivos.

---

[2] A técnica de valor ganho está coberta pela norma ANSI 748, desde Maio de 1998, é utilizada vigorosamente em contratos de dimensão, nos EUA.

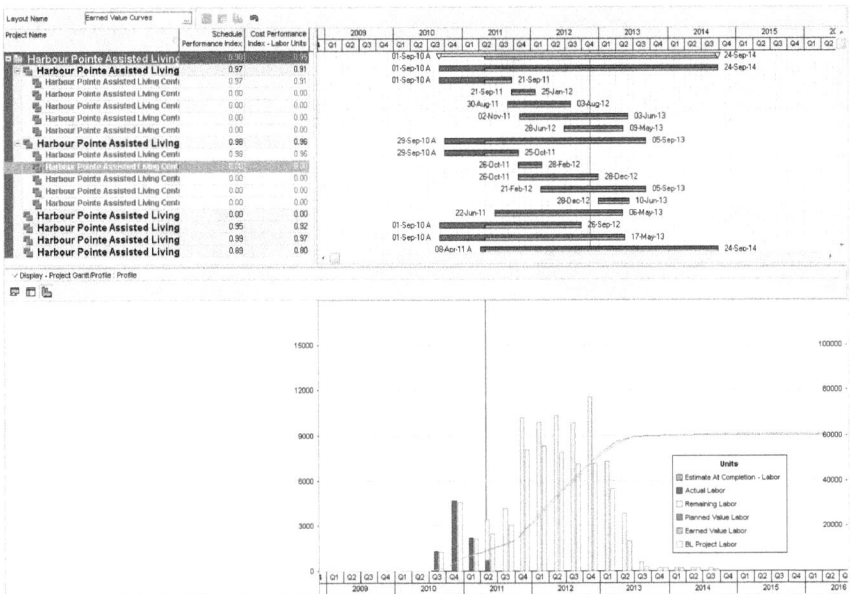

Ilustração 64 - Demonstração do Valor Ganho

Esta técnica quando aplicada com resultados fornece respostas simples a muitas questões como:

- Quanto é que nos está a custar para obter cada unidade do valor previsto?

- Quanto é que nos irá custar no fim?

- Quando é que irá finalizar?

- Onde é que estamos agora? Exatamente?

- Onde estão as nossas áreas de problema?

- Como é que este se compara com outros projetos?

Apesar de toda esta informação, o valor ganho não garante um projeto com sucesso. Só as pessoas podem fazer isso.

Que problemas estão associados com o Valor Ganho?

O valor ganho foi desenvolvido, historicamente e foi usado em projetos massivos, particularmente no sector da Defesa nos Estados Unidos. Isto criou a perceção de que é muito complicado para nós, ou muito dispendioso. Outro problema comum com organizações pequenas/médias ou não orientadas para projeto é que estas não têm mecanismos internos que possam recolher o esforço e os custos de projetos individuais ou partes.

Outros problemas podem estar associados com a cultura da organização – não habituada a reportar informação significativa sobre o progresso.

Algumas questões são, entretanto, muito importantes.

Deve ser desenvolvida uma **WBS (Work Breakdown Structure)** que deve incluir todas as atividades de trabalho para serem usadas quando se determina o progresso do projeto.

Cada atividade tem de ter um valor em dinheiro e um orçamento de horas/homem. É criada uma **Cost Breakdown Structure (CBS)** através da adição de WBS de todas as contas de custo de projeto que têm um custo direto ou um custo de administração. Por outras palavras, a WBS é incorporada dentro da CBS.

WBS Code	WBS Name	Total Activities	Schedule % Complete	Performance % Complete	BL Project Total Cost	Actual Total Cost
EC00610	Harbour Pointe Assisted Living Center	132	17.44%	12.15%	$4,550,500.56	$901,794.12
EC00610.1	Building 1	48	6.69%	0%	$1,440,588.18	$98,546.67
EC00610.1.1	Structure	11	92.42%	0%	$104,280.00	$98,546.67
EC00610.1.2	Roof	5	0%	0%	$121,800.00	$0.00
EC00610.1.3	Envelope	18	0%	0%	$305,040.00	$0.00
EC00610.1.4	Interior Finishes	11	0%	0%	$768,348.18	$0.00
EC00610.1.5	Pool & Courtyard	2	0%	0%	$141,120.00	$0.00
EC00610.2	Building 2	46	8.1%	6.81%	$1,416,914.00	$132,215.00
EC00610.2.1	Structure	11	87.24%	73.33%	$131,640.00	$132,215.00
EC00610.2.2	Roof	5	0%	0%	$121,800.00	$0.00
EC00610.2.3	Envelope	18	0%	0%	$488,304.00	$0.00
EC00610.2.4	Interior Finishes	10	0%	0%	$639,170.00	$0.00
EC00610.2.5	Courtyard	1	0%	0%	$36,000.00	$0.00
EC00610.5	Garage 1	9	6.06%	0%	$296,554.04	$27,335.59
EC00610.6	Garage 2	9	42.63%	31.63%	$293,106.61	$151,016.86
EC00610.7	Roads, Utilities & Pavers	15	40.93%	35.05%	$1,026,408.00	$473,480.00
EC00610.8	Landscape & Irrigation	2	24.96%	4.99%	$76,929.73	$19,200.00

Ilustração 65 – WBS e Cost Breakdown Structure

De acordo com o sistema de Valor Ganho, croia-se uma relação entre a percentagem de conclusão de uma conta e o orçamento para essa conta. Essa relação é expressa pela seguinte fórmula:

Valor Ganho = (percentagem de conclusão) x (orçamento para esta conta)

Como podemos ver pela equação, uma porção da conta orçamentada é ganha conforme a atividade é completada, até alcançar a quantidade total da conta. Não se pode ganhar mais do que o orçamentado. Mas como os valores de progresso em todas as contas podem ser reduzidos para mais € de horas de trabalho ganhas, o valor ganho dá uma forma de sumarizar múltiplas contas e calcular o progresso global. A fórmula é a seguinte:

Percentagem de conclusão = (horas de trabalho ganhas ou valor de todas as contas) / (Horas de trabalho orçamentadas ou valor de todas as contas).

O custo e Performance do agendamento versus o plano

- As horas de trabalho orçamentadas ou o valor monetário até à data representam o que está planeado fazer. Isto é o Valor Planeado (PV).

- Horas de trabalho ganhas ou o valor monetário até à data do que foi feito: Isto é o Valor Ganho (EV).

- Horas de trabalho reais ou o valor monetário representado o que já foi pago. Isto é o Custo Real (AC).

Project Name	Variance - BL Project Finish Date	Actual Cost	Earned Value Cost	Planned Value Cost	Budget At Completion	Estimate To Complete	Estimate At Completion Cost	Cost Variance	Cost Variance Index	Schedule Variance	Schedule Variance Index
Harbour Pointe Assisted L	0	$969,492	$628,797	$637,677	$4,650,501	$3,926,431	$4,895,913	($339,695)	-0.54	($7,890)	-0.01
Harbour Pointe Assisted L	0	$194,507	$76,980	$76,576	$1,440,588	$1,363,581	$1,558,088	($117,527)	-1.53	$404	0.01
Harbour Pointe Assisted Living	0	$194,507	$76,980	$76,576	$104,290	$27,273	$221,779	($117,527)	-1.53	$404	0.01
Harbour Pointe Assisted Living	0	$0	$0	$0	$121,800	$121,800	$121,800	$0	0.00	$0	0.00
Harbour Pointe Assisted Living	0	$0	$0	$0	$305,040	$305,040	$305,040	$0	0.00	$0	0.00
Harbour Pointe Assisted Living	0	$0	$0	$0	$768,348	$768,348	$768,348	$0	0.00	$0	0.00
Harbour Pointe Assisted Living	0	$0	$0	$0	$141,120	$141,120	$141,120	$0	0.00	$0	0.00
Harbour Pointe Assisted L	0	$162,981	$96,528	$96,926	$1,416,814	$1,320,368	$1,483,250	($66,353)	-0.69	($398)	0.00
Harbour Pointe Assisted Living	0	$162,981	$96,528	$96,926	$131,640	$35,094	$197,976	($66,353)	-0.69	($398)	0.00
Harbour Pointe Assisted Living	0	$0	$0	$0	$121,800	$121,800	$121,800	$0	0.00	$0	0.00
Harbour Pointe Assisted Living	0	$0	$0	$0	$489,304	$489,304	$489,304	$0	0.00	$0	0.00
Harbour Pointe Assisted Living	0	$0	$0	$0	$639,170	$639,170	$639,170	$0	0.00	$0	0.00
Harbour Pointe Assisted Living	0	$0	$0	$0	$36,000	$36,000	$36,000	$0	0.00	$0	0.00
Harbour Pointe Assisted L	0	$0	$0	$0	$296,554	$296,554	$296,554	$0	0.00	$0	0.00
Harbour Pointe Assisted L	0	$132,726	$92,699	$97,183	$293,107	$201,687	$334,413	($40,027)	-0.43	($4,484)	-0.05
Harbour Pointe Assisted L	0	$456,798	$359,741	$361,871	$1,026,409	$667,311	$1,126,109	($99,058)	-0.28	($2,130)	-0.01
Harbour Pointe Assisted L	0	$1,800	$3,240	$5,130	$76,530	$76,330	$81,730	$960	0.25	($1,290)	-0.01

Ilustração 66 - Custos do Projeto

A <u>Performance do Agendamento</u> é a comparação daquilo que foi planeado com aquilo que foi realizado: Por outras palavras, horas de trabalho orçamentadas que foram ganhas. Se as horas de trabalho orçamentadas são inferiores ao valor das horas de trabalho ganhas, foi realizado mais do que o planeado e o projeto está avançado em relação ao agendado. O inverso porá o projeto atrasado em relação ao agendado.

A <u>Performance contra o orçamento</u> é medida pela comparação do que foi feito para aquilo que foi pago. Para isto, as horas de trabalho ganhas são comparadas com as horas de trabalho reais. Se foi pago mais do que foi feito, o projeto está acima do orçamento.

As seguintes relações de medida da performance respondem às seguintes fórmulas:

- <u>Variância de agendamento</u> (SV) = (horas de trabalho ganhas ou €) / (horas de trabalho orçamentadas ou €); EV – PV

- <u>Índice de Performance do agendamento</u> (SPI) = (horas de trabalho ganhas ou € até à data) / (horas de trabalho orçamentadas ou € até à data) ou EV / PV.

- <u>Variância de Custo</u> (CV) = (horas de trabalho ganhas ou €) / (horas de trabalho reais ou €). Ou EV – AC.

- <u>Índice de Performance do Custo</u> (CPI) = (horas de trabalho ganhas ou € até à data) / (horas de trabalho reais ou € até à data). Ou EV / AC.

Uma variância positiva e um índice de 1.0 ou superior denota performance favorável.

Atualização do projeto em Nível 3

Vamos passar pelos passos detalhados que o planeador executa durante o acompanhamento do projeto em Nível 3, detalhado e com recursos e/ou custos atribuídos.

PASSO 1 – REFLETIR O PROGRESSO DO TRABALHO REALIZADO NO PERÍODO

0) Não fazer nada nas atividades já concluídas.
1) As atividades que já se iniciaram no período anterior de atualização e que estavam previstas terminar no período corrente:

   - Se a atividade foi concluída marque a data de conclusão.

   - Se a atividade não foi concluída a sua nova data de fim prevista deve ser indicada. Pode fazer isto de duas formas: ou perguntando ao responsável qual a estimação de conclusão e introduzindo a duração remanescente correspondente, ou introduzindo uma percentagem de progresso e deixando que o software calcule a data de fim. Os empreiteiros usam geralmente o primeiro método pois oferece mais flexibilidade.

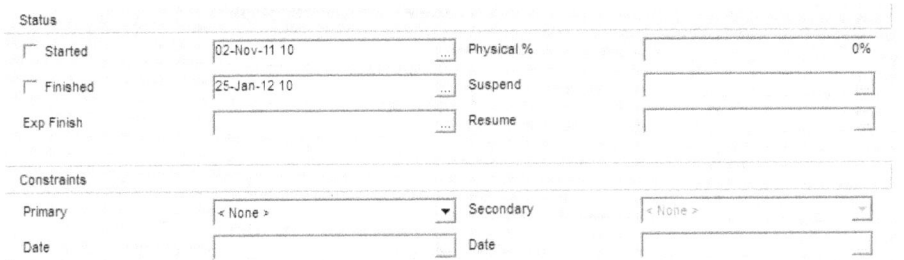

Ilustração 67 - Status das atividades

   - Vamos analisar os dois métodos:

Uma atividade tem uma duração original de 20 dias e iniciou-se há 10 dias. O seu progresso está nos 50% na data de recolha do status. Quando se pergunta, os responsáveis informam que a atividade só pode estar concluída em mais 20 dias. Se utilizarmos o primeiro método, iremos definir a data prevista de fim pela introdução de uma estimativa de 20 dias de dias remanescentes. Assim, de uma duração inicial de 20 dias a duração atualizada será de 30 dias.

Se utilizarmos o segundo método e introduzirmos 50% de progresso o software irá calcular a duração remanescente em 10 dias (como 50% de progresso em 10 dias dá que os 100% serão completados em 20 dias).

Vemos assim, que devido ao progresso não linear da maioria das atividades, o primeiro método é mais adequado que o segundo para projetos de construção.

Duration	
Original	51
Actual	0
Remaining	51
At Complete	51
Total Float	98
Free Float	0

Ilustração 68 - Duração das Atividades

2) A atividade iniciou-se no período anterior e não está prevista a sua conclusão no período reportado.
   O planeador pode mudar a duração remanescente, se necessário, após informação dos responsáveis acerca da duração estimada.

3) A atividade está prevista iniciar-se no período de status

   - Se a atividade se iniciou de fato, introduza a data real e, se necessário, atualize a duração remanescente.

   - Se a atividade não se iniciou no período sob reporte, coloque uma data prevista de início como um constrangimento, conforme indicação dos responsáveis (estes constrangimentos ultrapassam a lógica). Modifique a duração original, se necessário.

Nota: não estenda a espera com um lag já quer isto não é lógico: a razão para o atraso não é um lag entre duas atividades.

4) Atividade que não estava nem prevista iniciar nem terminar no período.
   Como esta atividade está ligada a predecessores, poderá ter avançado no agendamento do plano como resultado da lógica dos seus sucessores devido a início ou fim no período de reporte e atualização.
   Adicionalmente, o planeador pode ter alterado a duração remanescente, se necessário.

PASSO 2 – CORRIJA A REDE DAS ATIVIDADES COM A ÚLTIMA INFORMAÇÃO DISPONÍVEL.

Deve refinar a lógica do plano e a duração das atividades com informação mais precisa agora disponível, por exemplo, tempo de entrega do equipamento, quantidade de trabalho das atividades, etc.

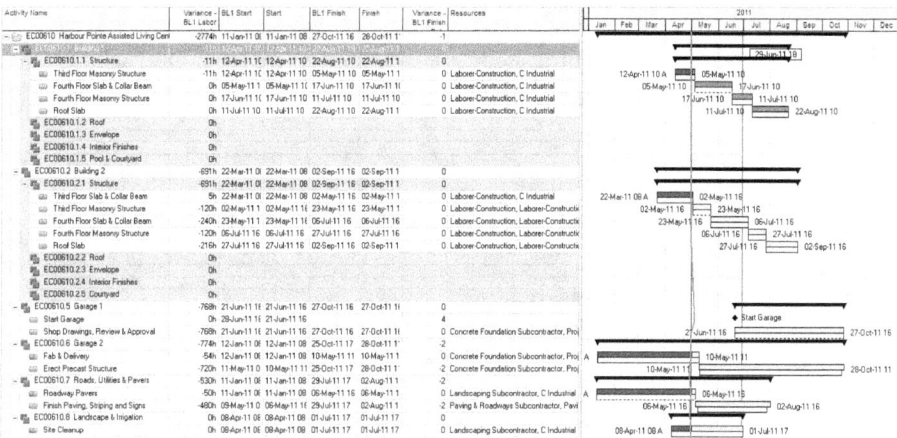

Ilustração 69 - Layout de análise do cronograma a 3 meses

Isto permite ainda a adição ou apagar de atividades. Na realidade, a intensidade dum plano aumenta quando o tempo de fim se aproxima: a sua densidade será alta nos 3 meses anteriores ao fim, média entre 3 a 6 meses e baixa para além dos 6 meses.

Por exemplo, logo que a informação sob a categoria de equipamento começa a ser conhecida, deve então ser identificada singularmente bem como o tempo de entrega, ou a adição de mais tempo para a sua execução e entrega, etc. As atividades de engenharia, procurement e construção do equipamento serão separadas através da criação de mais atividades.

Recalcule e verifique o impacto na data corrente de conclusão.

Analisar o caminho crítico, corrigir algum erro ou engano para evitar impacto desajustado na data de conclusão.

Não vá mais além deste tipo de correções. Em particular, não altere a sequência ou duração das atividades a não ser para refletir a verdadeira execução antecipada e a última informação disponível.

Isto oferece a tendência ou previsão, reflete a data verdadeira estimada para a conclusão com base no progresso real e a última informação à data.

Até este ponto o que o planeador fez foi refletir o verdadeiro status do projeto e derivar daí a tendência e nada mais.

PASSO 3 – ATUALIZAÇÃO DOS DADOS DE UNIDADES DE RECURSOS

Estabelecidas as datas de início e de fim das atividades, verificadas as datas remanescentes, atribuídas as percentagens estimadas de execução, deve ainda indicar-se para todas as atividades as unidades dos recursos trabalhadas e as unidades remanescentes. Esta operação pode efetuar-se pela totalidade ou recurso a recurso.

	Activity	A12900			Earthworks - Fill (174+750 to 198+200)				
Role	Resource ID Name	Budgeted Units	geted Units / Time	Original Duration	Budgeted Cost	Actual Units	Remaining Units	Remaining Units / Time	
	Fill.Fill	3852	20/d	193	€30,013	0	3852	20/d	
	PROFIS3.Physical Progress	1926	10/d	193	€1,436	0	1926	10/d	

Ilustração 70 - Atualização dos status dos recursos

Este passo representa a medição da realização do mês ou semana corrente, e permite comparar com o projetado a executar.

Após a sua introdução pode ser recalculada a nova Data Date.

PASSO 4 (SE NECESSÁRIO) – REPLANEAR PARA REVERTER À DATA DE CONCLUSÃO ORIGINAL

Este passo, que exige tempo e requere a assunção de compromissos de várias partes, não tem necessidade de ser realizado em cada atualização mensal. Adicionalmente e ao fim de dois meses até pode ter sido resolvido o atraso na data de conclusão.

Quando a revisão e o replaneamento são necessários para recuperar até à data de conclusão original e acordada, deve ser feito o seguinte:

Rever o caminho crítico

- Revisitar cada caminho crítico, verificar a correção da sequência, retirar ligações lógicas desnecessárias, ajustar a sequência se necessário, ajustar a duração das atividades com base na última informação à data, tal como datas de entrega de equipamento, volumes de trabalho, última informação sobre a sequência da construção.

- Se o passo anterior não for suficiente para reverter para a data de conclusão acordada, identificar alguma mudança na lógica, tal como realizar atividades em paralelo, decompor atividades, etc. ou redução na duração que possa permitir a reversão para a data de conclusão. Discuta com as partes envolvidas: Engenharia, Procurement e Construção e obtenha o seu acordo e adesão. É muito importante nesta etapa obter tais compromissos.

- Finalmente, descreva e explique a base de todas as mudanças no plano e na narrativa de atualização, para:

  – Criar a confiança de todos e em particular do Cliente, de que estas mudanças da lógica / duração são sólidas.

  – Garantir que as mudanças são totalmente evidentes para todos, para que cada um assuma as ações adequadas que lhe respeitam a ele na sua execução.

ATUALIZAÇÃO E DIREITO A EXTENSÃO DE TEMPO

Os contratos especificam como é que um Empreiteiro tem direito a uma extensão da data de conclusão devido a eventos atribuíveis á Companhia cliente e estes devem ser determinados, sendo determinante que a data de conclusão deve ser estendida pelo impacto do evento, tal como é demonstrado pela lógica do plano.

Assim, só haverá direito a uma extensão da data de conclusão se o evento interage com o caminho crítico da rede do plano, ou seja, a cadeia de atividades sem folga. Portanto, o cálculo da extensão de data de conclusão está totalmente dependente da integridade manutenção adequada da rede do plano. O que caracteriza essa integridade:

A. Corresponde à integridade do plano inicial, submetido para revisão do Cliente e, após aprovação, transformado em baseline.
B. A integridade de cada atualização do plano.

Pretendo fornecer alguma orientação para a realização das atividades envolvidas com o ponto 2 – atualizações do plano.

O contrato requer que o empreiteiro atualize o plano do projeto periodicamente (usualmente o período definido contratualmente e é o período de 30 dias de calendário) e a evidência de que a data contratual do projeto se mantém e quais as milestones contratuais foram alcançadas ou atrasadas.

No final de cada período, a atualização consiste em introduzir:

1. A data de início real das atividades que começaram de fato durante o período;
2. A data de conclusão real das atividades completadas durante o período;
3. As durações remanescentes de cada atividade que se encontra em progresso;

4. Qualquer evento que ocorreu no período entre as duas datas de atualização e que causou um atraso ou modificação à rede do plano do projeto.

5. As modificações à rede de atividades do plano resultante do melhor conhecimento alcançado durante o período acerca do projeto, como uma melhor precisão nas estimativas de quantidades, nos volumes de trabalho, na sequência, etc. que permite refinar o plano para a frente.

Portanto a atualização consiste em ajustar o agendamento do tempo de acordo com a passada performance e refinar o plano das atividades futuras.

Quando se atualiza o plano (de acordo com os 5 passos acima), o planeador usa e baseia-se num conjunto de informação, incluindo:

- Relatórios do trabalho real completado, documentos emitidos, ordens de compra colocadas, etc.

- Atas de reunião, permitindo identificar as questões, sobretudo as emitidas pelo Cliente que devem ser refletidas.

- Registo de tendências, identificando questões.

Logo que estes 5 passos são realizados, o planeador irá calcular de novo o plano, realizando um forward pass este irá fornecer as últimas datas previstas para as atividades futuras e a Data de Conclusão do Projeto (PF).

A previsão da PF é uma estimativa que irá mudar na próxima atualização do plano. Não têm de ser tomadas ações em cada atualização do plano mesmo que a data de conclusão deslize para além da data de conclusão requerida. Mas esse evento deve ser reconhecido pelo cliente em cada relatório e reunião de status.

Se a PF se mantiver consistentemente atrasada por várias atualizações do plano (por exemplo, por 3 períodos sucessivos), o Planeador deverá considerar um passo 6 na atualização do plano: Replanear.

6. Isto irá consistir numa revisão dos caminhos críticos, da sequência e duração das atividades e da identificação das mudanças que podem ser feitas à execução, tal como realizar atividades em paralelo, incrementar os recursos para reduzir a duração das atividades, altera a sequência do trabalho ou o método, de forma a rever ter para a data original de PF.

De uma perspetiva contratual e comercial, a atualização do nível 3 do plano é muito crítica visto que o nível 3 é a única ferramenta que identifica totalmente e suporta a existência de uma ligação causal entre os eventos e as suas consequências: um atraso das atividades do caminho crítico.

Só com suporte a atualizações de projeto em nível 3 pode o Empreiteiro estabelecer firmemente o seu direito a uma Extensão de Tempo (ET) e identificar a parte responsável.

Se um evento importante impacta o caminho crítico, só a atividade de replaneamento permitirá quantificar a dimensão desta ET e, como consequência, o custo que o Empreiteiro poderá reclamar (custos derivados do tempo).

Os caminhos críticos ficarão definidos com maior precisão e serão alterados durante a execução do projeto. Como o impacto ao caminho crítico está na base do cálculo de uma ET, é essencial que as atualizações do plano reflitam adequadamente o caminho corrente e o caminho crítico.

Isto significa que o plano de nível 3 deve estar baseado no plano de execução atualizado pelo Empreiteiro do Contrato por forma a permitir avaliar o verdadeiro impacto de qualquer evento. Todos os atrasos, adicionalmente, com origem no Cliente devem ser refletidos na atualização do plano já que é obrigação do Empreiteiro pelo contrato atualização regular do nível 3 com todos os impactos.

Não registar um evento de atraso minimizará o direito do Empreiteiro a uma ET.

Gestão das Reclamações

Os projetos de maior dimensão exigem cuidados especiais no seu acompanhamento e nas regras e processos a implementar para enfrentar questões, diferenças de opiniões, especificações incompletas ou pouco claras, tudo objeto de pedidos de mudança e, em casos mais extremos reclamações. Mas, também os projetos médios devem merecer uma atenção continuada às questões que sempre surgem.

O Primavera P6 utilizado com rigor e de forma efetiva pode apoiar na execução com sucesso dos projetos com implementação de processos que enfrentam a mudança, apoiam o report diário e a análise da performance

RECLAMAÇÕES DE ATRASO AOS DONOS DA OBRA

As Reclamações típicas contra os Clientes são a alteração do âmbito ou pedidos de alteração da construção, bem como erros e omissões e há outros que vamos abaixo analisar.

Alteração do âmbito

As alterações do âmbito são normalmente iniciadas por um pedido de mudança, carta de intenções ou uma diretiva do cliente. Podem ser mudanças diretas ou remoção ou adição de trabalhos ao âmbito original do contrato. Os pedidos de mudança são uma parte do trabalho diário normal em ambientes de construção. Só pensar que um projeto ou contrato de construção pode ser executados sem alterações é uma conceção errada. Um esforço efetivo e organizado para eliminar o custo e o impacto do tempo como resultado da realização de trabalho fora do âmbito original do contrato deve estar no topo das prioridades de toda a equipas de gestão pois os pedidos de mudança são normalmente razão para ultrapassagens de custo e de tempo. Isto é especialmente verdade para empreiteiros que esperam realizar os lucros previstos.

As alterações de âmbito são muitas vezes definidas de forma elementar e as estimativas associadas de custo e impacto no plano têm falta de exatidão. A Engenharia e o Empreiteiro podem estar de acordo no facto de que alguma coisa deve ser feita, mas pode não ser tão fácil acordar na sua completa descrição e nas implicações de custo.

Quando os Empreiteiros ou os seus representantes autorizados definem direções que interferem com o desenvolvimento normal do contrato sem estarem conscientes das implicações de custo e de tempo, denomina-se normalmente a isto uma "**mudança construtiva**". Adicionalmente, as mudanças construtivas são muitas vezes encontradas no ato de rever o plano, dos registos, das cartas e atas de reuniões, mas isto não nega ao empreiteiro o direito de recuperar das despesas adicionais.

Os empreiteiros devem formar as suas equipas e preparar os seus processos para reconhecerem as mudanças construtivas, visto que isto pode fazer a diferença entre uma situação de lucro ou de perda.

Erros e Omissões

Um potencial para reclamações ocorre quando o empreiteiro questiona os planos e as especificações definidas nos termos contratuais e o Dono ou os seus representantes não reconhecem isso como um válido pedido de mudança. Podem ser geradas mudanças construtivas com base na falta de acordo nestas questões. Mesmo se o empreiteiro é forçado a proceder conforme ordenado pelo Dono e pelas obrigações contratuais, a recuperação de custos adicionais pode ser requerida em ocasião posterior. Os empreiteiros são aconselhados a documentar estes casos de forma cuidadosa para oferecer a possibilidade da futura identificação de custos adicionais.

Aceleração do contrato e simplificação

Os empreiteiros são frequentemente orientados para acelerar a performance do contrato ou de uma porção dele dentro da data de conclusão original ou ajustada. Esta direção apresentada pelo dono constitui uma mudança nas obrigações contratuais e os empreiteiros têm o direito de obter uma compensação por isso.

Além disso, os empreiteiros podem gastar um esforço extra em resposta a um incremento direto em trabalho sem um incremento em tempo. Isto constitui uma **aceleração construtiva** que deve ser cuidadosamente analisada, documentada e decidida. A validação deste tipo de reclamações é, claro, difícil e requere que os empreiteiros provem o seu caso.

Suspensão de trabalho e paragem

Quando os empreiteiros são notificados para suspenderem o trabalho devido a razões fora do seu controlo, eles têm o direito de ser compensados pelo tempo e custo envolvido na suspensão ou parte da suspensão, mesmo se o documento do contrato fale de outras diretivas que as referem. Estes custos de suspensão incluirão os custos de reativação se o trabalho for de novo notificado para ser efetuado.

Os empreiteiros são aconselhados a manter dados detalhados com relação a casos como estes para poderem ser capazes de recuperar das despesas relacionadas.

Acesso ao site

Quando as atividades planeadas pelo empreiteiro têm necessidade de um meio de acesso ou de uma localização para proceder e o Dono da Obra falha no seu fornecimento a tempo, os empreiteiros devem proceder para obter uma compensação pelo tempo e custo dos recursos agendados e que foram impedidos de trabalhar produtivamente.

Falta de produtividade

Quando as obrigações contratuais forçam o empreiteiro a uma ocupação conjunta ou a suportar ações de interferência por outro empreiteiro do dono da obra e / ou a falta de progresso na área pode prejudicar o desempenho e surgir daí uma reclamação justificável sobre os níveis de produtividade ou sobre a sua falta o que não é um assunto fácil de fundamentar. Independentemente das controvérsias acerca destas questões, o empreiteiro deve substanciar os seus factos enquanto estes ocorrem.

Greves e força da natureza

Os atrasos de tempo devidos a factos fora do controlo do empreiteiro tais como greves, boicotes, condições meteorológicas fora do normal, tremores de terra, incêndios e inundações são atrasos justificáveis e o empreiteiro deve ter direito a uma extensão.

Ações do Dono da Obra

A seguinte é uma lista que refere ações do Dono da obra que podem impactar a performance do contrato e podem ser úteis quando gerimos projetos:

- Assunções impróprias de direção ou operações de campo
- Falha no acesso ao site de construção
- Atrasos na aprovação de procedimentos
- Ações arbitrárias ou desrazoáveis
- Falha na ágil divulgação de informação necessária à produção
- Falha no cumprimento com o plano contratual de pagamentos
- Número excessivo de pedidos de mudança e
- Comunicação pobre.

RECLAMAÇÕES TÍPICAS CONTRA EMPREITEIROS

Materiais fora da especificação

Pode haver discrepâncias devidas a interpretações diferentes acerca de especificações de materiais contratuais. As omissões ou clareza nas especificações do contrato são frequentes com resultados indesejados para as quais deve esperar-se uma decisão imediata no site do trabalho, com consequente confusão, atrasos e incremento normal do âmbito do trabalho.

O problema principal decorre do fornecimento de materiais quando sabemos que há muitos fabricantes concorrentes que se podem substituir um pelo outro. A linguagem do contrato é seguida normalmente, mas quando a questão é especificação de material podem surgir complicações já que todos os Clientes querem poupar dinheiro através da discussão competitiva de preços de diferentes fabricantes tentando mesmo assim obter a máxima eficiência funcional.

Trabalho com defeito

Os empreiteiros são responsáveis pela qualidade do seu trabalho tal como é especificado nos termos do contrato. Isto nem sempre é fácil de estabelecer, já que por definição, o trabalho com defeito é difícil de detectar e de tomar decisões sobre o mesmo. O trabalho com defeito pode ser atribuído ao designer devido à desadequação das especificações ou ao Dono por perturbar o desenho original ou ao empreiteiro por ter falta das competências necessárias ao trabalho. Não é difícil de ver porque é que tantas reclamações são geradas à volta destas questões.

Danos à propriedade

As reclamações com danos à propriedade podem resultar de diversas fontes, incluindo:

- Dano às instalações do Dono da obra quando se realiza o contrato
- Danos às instalações vizinhas quando se realiza o trabalho
- Violação dos direitos de propriedade do Dono em área adjacente aos limites da construção
- Violação das regulações governamentais da área.

Conclusão atrasada do empreiteiro

Os contratos têm normalmente uma data de conclusão definida na assunção de que o dono da obra tem necessidade da instalação nessa data. Um empreiteiro a terminar tarde pode criar uma situação inconveniente ou mesmo com impacto financeiro ao dono da obra. Alguns contratos incluem cláusulas onde são consideradas penalidades contra o empreiteiro no evento de atrasos de conclusão, mas independentemente de o contrato ter ou não estas cláusulas, o dono da obra pode reclamar danos devido à conclusão com atraso.

Concorrentes de baixo preço

Os empreiteiros concorrem com ofertas de muito baixo valor o que pode forçar a serem muito focados no custo nos seus esforços para recuperar desta apertada situação. As suas ofertas baixas são devidas a algumas circunstâncias como:

- Falha de entendimento do real âmbito do trabalho
- Incompreensão dos requisitos técnicos
- Erros graves
- Desejo de melhorar a vantagem competitiva.

COMO ENFRENTAR AS RECLAMAÇÕES

Caminho crítico e Planos

Componentes do agendamento

Um plano desenhado adequadamente para enfrentar reclamações deverá incluir:

- Todo o âmbito do trabalho
- Sequência organizada de atividades necessárias para realizar o trabalho.
- Duração de todas as atividades envolvidas
- Recursos necessários para realizar cada atividade.

O método do caminho crítico descreve o que tem de ser feito, quando tem de ser feito, como tem de ser feiro, quem o faz e onde.

Obrigações contratuais

As obrigações contratuais que quando cumpridas enfrentam as reclamações incluem as seguintes:

- Aprovação de um plano original;
- Procedimento para atualização do status do plano periodicamente;

- Procedimento para rever o plano;
- Procedimento para utilizar o plano como uma ferramenta para acordos nas reclamações.

Lista de verificação típica para os planos

A seguinte lista de tópicos fornece uma ferramenta valiosa para a administração do planeamento e agendamento:

- Estabelecer e manter um sistema de medida do progresso;
- Obter a aprovação para o agendamento da construção tão cedo quanto possível;
- Estabelecer e manter rotinas de planeamento e agendamento;
- Chegar a acordo acerca dos índices de planeamento / agendamento e quanto ao seu significado;
- Estabelecer aprovação das revisões do agendamento com o mínimo de tempo de paragem;
- Estabelecer um sistema de interface dos pedidos de mudança e sua aprovação;
- Criar um sistema de arquivo das revisões dos agendamentos;
- Insistir num detalhado suporte para as mudanças propostas;
- Notificar prontamente e processar / documentar as variâncias do agendamento.

Implicações legais

Algumas implicações legais gerais, que podem estar incluídas no contrato, de um agendamento aprovado podem ser sumarizadas da seguinte forma:

- Ambas as partes estão obrigadas a seguir as especificações do agendamento;
- Os níveis de trabalho e dimensões das equipas estabelecidas no agendamento têm de ser seguidos a não ser que sejam devidamente autorizadas mudanças;
- A utilização do equipamento incorporado no agendamento é obrigatória, a falha no seu cumprimento constitui uma quebra do contrato;
- Os materiais conforme especificados no contrato são também obrigatórios;
- Os empreiteiros são responsáveis por produtividade menor do que a atribuída pelo agendamento;
- As inspeções e aprovações pelo dono da obra devem ser realizadas de acordo com o agendamento;

Qualquer desvio do cronograma deve ser resolvido de acordo com os procedimentos contratuais envolvendo as revisões do agendamento.

Gestão de registos

Registo para fundamentar uma reclamação

A existência de registos exatos é a melhor assistência que qualquer pessoa pode ter quando negoceia mudanças e disputas. Isto é de particular importância para os empreiteiros já que eles têm o fardo de provar o impacto que qualquer questão sob disputa tem sobre a sua performance. Os registos que são normalmente necessários para fundamentar uma reclamação são:

- Cronogramas de progresso;

- Relatórios diários e semanais;

- Registo dos pedidos de mudança;

- Correspondência de e para os empreiteiros;

- Fotografias;

- Diário dos trabalhos;

- Revisões do plano e dos cronogramas;

- Minutas das reuniões diárias, semanais e mensais

Relatórios diários e semanais

A performance é normalmente documentada através de verificações e revisões periódicas do cronograma do projeto aprovado. Os relatórios que mostram o agendado versus a performance real determinam o status do projeto em qualquer momento para que qualquer pessoa possa visualizar o trabalho concluído até à data, a taxa a que o trabalho foi realizado e os custos em que se incorreu para isso. Os relatórios diários e semanais devem incluir:

- Data da questão e condições meteorológicas;

- Níveis de pessoal presente;

- Equipamento utilizado e inativo;

- Materiais utilizados e requisitos futuros;

- Performance dos subempreiteiros;

- Trabalho nos pedidos de mudança;

- Segurança do trabalho.

Registos dos pedidos de mudança

Visto que os pedidos de mudança são a maior causa de reclamações, é importante manter bons registos deles incluindo:

- Iniciação;
- Estimativas de custo e tempo;
- Aprovações;
- Estado corrente;
- Pedidos para revisão da conclusão do projeto;
- Progresso diário;
- Interface com o cronograma aprovado corrente.

Para além disso, a manutenção da correspondência bem organizada por assuntos poderá fornecer os meios para a compreensão do que aconteceu, se surgir uma reclamação posterior aos factos. Também irá ajudar no relacionamento entre os novos problemas com antigos.

Abordagem ao Risco em Grandes Projetos

O método de realização do projeto escolhido pelo dono da obra é implementado através acordos legais (contratos) com uma ou mais entidades ou partes (stakeholders). As opções correntes mais populares de realização incluem Design-Bid-Build (DBB), Gestão da Construção, Design-Build e Integrated Project Delivery (IPD). Mas, quem assume os riscos para custo /atrasos para estas opções de realização do contrato?

Este gráfico descreve a relação relativa entre custo do contrato e crescimento do risco para o dono da obra para estes métodos de abordagem de realização dos projetos.

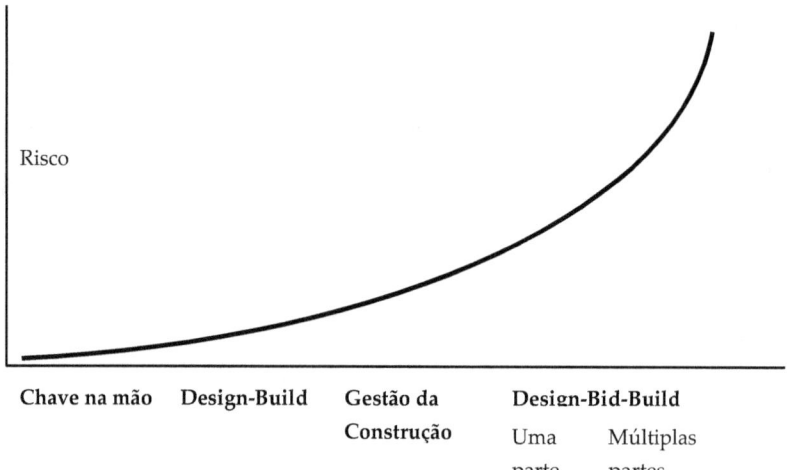

A forma tradicional de realização de projeto mais comum é o processo **Design-Bid-Build (DBB)**, incluindo três partes principais e três fases de projeto. Este método tradicional exige três contratos independentes e corresponde a uma sequência linear de trabalho e, ainda, é comum existirem donos de obra com requisitos para selecionar a mais baixa oferta.

O processo de **Integrated Project Delivery (IPD)** é uma abordagem de realização de projeto destinada a melhorar os resultados através de uma abordagem colaborativa de alinhamento de incentivos e objetivos da equipa do projeto através de risco partilhado e recompensas, envolvimento precoce de todas as partes e um contrato multipartes. O método IPD idealmente reduz o desperdício e otimiza a eficiência durante as fases de desenho, fabricação e/ou construção. Integra as pessoas, sistemas, estruturas de negócio e práticas dentro de um processo que aproveita de forma colaborativa os talentos e

Luís Quintino ©

perspetivas de todos os participantes de alinhar os incentivos e os objetivos do projeto. Os princípios do IPD podem ser aplicados a outros contratos e as equipas IPD incluirão membros muito para além da tríade, dono da obra, arquiteto e empreiteiro, que são no mínimo os membros com responsabilidade sobre a realização do trabalho.

ORGANIZAÇÃO DO PROJECTO

O processo mais comentado das formas correntes de IPD é o de Design-Build, em que o dono da obra contrata, com uma entidade singular, quer o desenho quer a construção. Relativamente ao Design-Build, os empreiteiros lideram de forma comum as equipas, criando um ponto singular de contacto para o dono da obra. Este método tem tido muito sucesso na minimização do risco do dono da obra, dos atrasos de construção e dos pedidos de mudança. Transfere, entretanto, esse risco para o empreiteiro obrigado a gerir globalmente a obra.

Ilustração 71 - Alocação do Risco CM

São normalmente utilizados Construction Managers (CM) para projetos privados que são mais complexos, ou por donos de obra que não têm o tempo ou as competências internas para coordenar o projeto. Há quatro partes: o Dono, o CM, o Arquiteto e o Empreiteiro. O CM é adicionado à equipa para supervisionar o projeto. Existem tipicamente três funções que o CM desempenha de conselho, como agente e como construtor (também denominado como CMAR (Construction Manager at Risk). Como agente, o CM tem autoridade pela coordenação do projeto e de General Contractor. Este método inclui uma estimativa antecipada do custo e o CM assume todas as responsabilidades como empreiteiro.

RISCOS NO PROJECTO

Com respeito à alocação do risco num projeto DBB, a responsabilidade pelo risco de design cai por último na responsabilidade do dono, com a contribuição do profissional de design até ao fim do seu contrato e/ou responsabilidade do seguro. No que respeita às ultrapassagens de custos e atrasos, a alocação do risco torna-se mais complexa. Tipicamente os contratos irão alocar o risco, por exemplo conclusão da construção e qualidade é responsabilidade do empreiteiro e subempreiteiros.

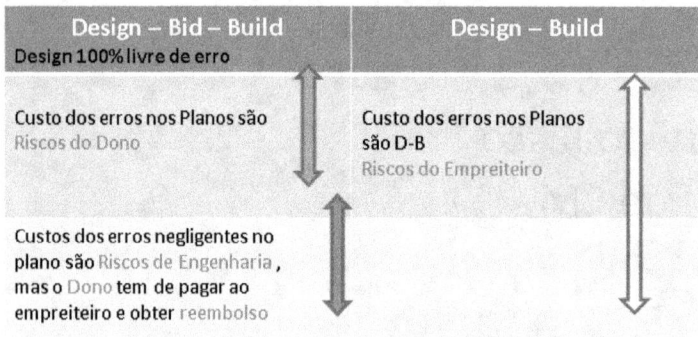

Ilustração 72 - Responsabilidade de Risco de erro de Design

O risco de projetos Design-Build é da responsabilidade total do Empreiteiro do Design e Build, a não ser que esteja diretamente relacionado com as especificações do dono da obra. As ultrapassagens de custos e atrasos são tipicamente do DB até que se possa provar que o dono é responsável como outorgador do contrato. A conclusão da construção e a qualidade são da responsabilidade do empreiteiro do Design-Build.

A alocação do Risco do CMAR (Construction Manager at Risk) pelo desenho é todo da responsabilidade do dono da obra, com a contribuição do profissional de design até ao fim do seu contrato e/ou responsabilidade do seguro. As ultrapassagens de custos e atrasos são tipicamente do CM (Construction Manager) até que se possa provar que o dono é responsável como outorgador do contrato. A conclusão da construção e a qualidade são da responsabilidade do empreiteiro e dos seus subempreiteiros. Abaixo alguns gráficos de riscos para referência – os factos particulares e os contratos governarão em cada projeto.

Riscos dos Recursos e do Projecto

Tipo de Risco	Risco do Dono	Risco do Empreiteiro
Financiamento adequado do Projecto	Sim	Não é habitual
Adequação da Força de Trabalho	Não é habitual	Sim
Licenças e Autorizações	Muitas vezes os custos	Muitas vezes
Acesso ao Site	Talvez	Talvez

Ilustração 73 - Riscos dos Recursos e do Projeto

Riscos Relativos à Performance

Tipo de Risco	Risco do Dono	Risco do Empreiteiro
Planos e especificações adequados	Sim	Não é habitual
Sub-estimação dos custos	Algumas vezes	Sim
Equipamentos, material, espaços, etc.	Se fornecidos pelo Dono	Sim
Meios e Métodos	Se especificado	Sim
Atrasos n a apresentação de mudanças	Sim	Sim
Atrasos na apresentação de disputas	Algumas vezes	Algumas vezes
Produtividade do trabalho, e trabalho de sub-empreiteiro	Sim, se causado	Sim, se auto-causado
Condições do subsolo	Sim	Talvez
Atrasos de performance	Sim, se causado	Sim, se causado
Segurança dos trabalhadores e do site	Possível	Sim

Ilustração 74 - Riscos Relativos à Performance

Riscos de Influência Exterior

Tipo de Risco	Risco do Dono	Risco do Empreiteiro
Actos do Governo	Sim	Possível
Meteorologia	Depende do contrato	
Actos da Natureza	Depende do contrato	
Actividades de sindicatos		Tipicamente Sim
Escalação de custos	Depende do contrato	

Ilustração 75 - Riscos do Exterior

A GESTÃO DO RISCO

A gestão de risco é um importante meio de reduzir a incerteza, controlar os custos e melhorar a tomada de decisões nos projetos e, também, nas organizações. Se o risco não é gerido proactivamente uma organização pode ser seriamente ameaçada por eventos não planeados que podem resultar em despesas inesperadas, atrasos nos projetos ou impossibilidade de alcançar os objetivos definidos,

Infelizmente a gestão de risco é muitas vezes colocada em muito baixa prioridade por aqueles que estão melhor posicionados para enfrentar mais cedo os riscos – os gestores de projeto e os membros de equipa. Quando a informação de risco chega reconciliada à equipa de gestão executiva é muitas vezes demasiado tarde para reagir em tempo útil.

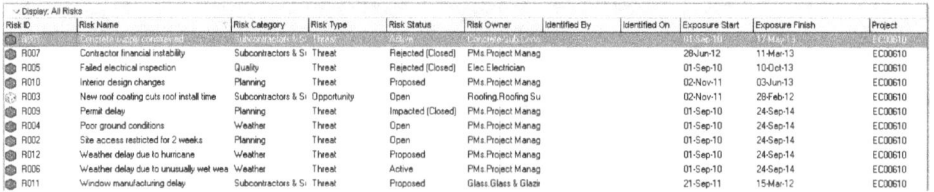

Ilustração 76 - Identificação do risco

As companhias que pretendem promover uma melhor gestão de risco a todos os níveis da organização necessitam de software que permita mostrar a exposição ao risco entre projetos e numa imagem global da companhia. Necessitam de um sistema que os ajude a identificar e mitigar os riscos, reduza a incerteza e desenhe a exposição combinada da organização através de todos os projetos.

Estão disponíveis muitas soluções de software de gestão de risco – tratando quer da gestão de risco qualitativa quer da gestão de risco quantitativa.

O que é a gestão qualitativa de risco?

Muitos projetos da vida real têm múltiplos riscos e incertezas, que os afetam em diferentes maneiras. Em tais casos uma ferramenta de gestão de risco qualitativo pode tornar-se a única forma realizável de gerir as incertezas nos projetos correntes, mas também para fornecer informação para projetos futuros.

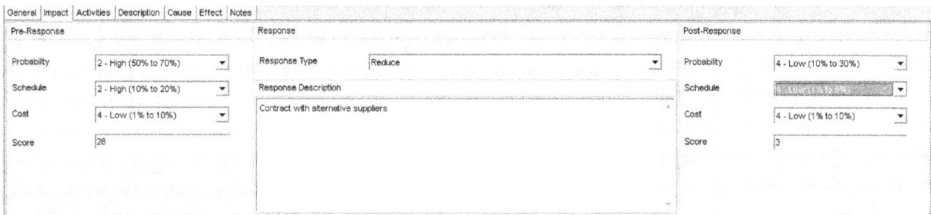

Ilustração 77 - Gestão qualitativa do risco

Se os riscos e incertezas são registados numa base de dados compreensiva, irá auxiliar na mitigação disponível. O decisor julgará acerca da probabilidade da ocorrência dos eventos com base num conjunto confiável de dados.

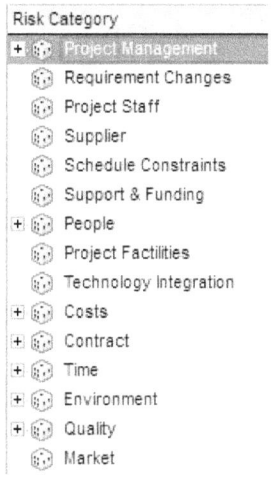

Ilustração 78 - Categorias de Risco principais

No software de gestão qualitativa de risco, cada risco é acompanhado por um conjunto de parâmetros: severidade, impacto, planos de mitigação, etc. Ajuda a enfrentar as situações desconhecidas e não representadas, porque a decisão será menos influenciada pelo cenário mais detalhado. Se os riscos forem devidamente registados e atualizados no decurso do projeto ajudará a mitigar o impacto negativo da perceção seletiva e das tendências da gestão. A avaliação dos riscos de projetos futuros é realizada com base nos dados históricos objetivos registados. Poderá reduzir o impacto negativo de pressuposições.

O que é gestão quantitativa de risco?

A gestão de risco quantitativa ajuda a determinar a oportunidade de um projeto ser completado em tempo e dentro do orçamento, permite identificar os parâmetros críticos que afetam o cronograma e determinam a percentagem de sucesso do projeto podendo tomar as decisões acerca das alternativas viáveis do projeto, etc. todas estas coisas maravilhosas podem não ter nenhum sentido se não estiverem baseadas num conjunto histórico confiável de dados acerca de riscos e incertezas.

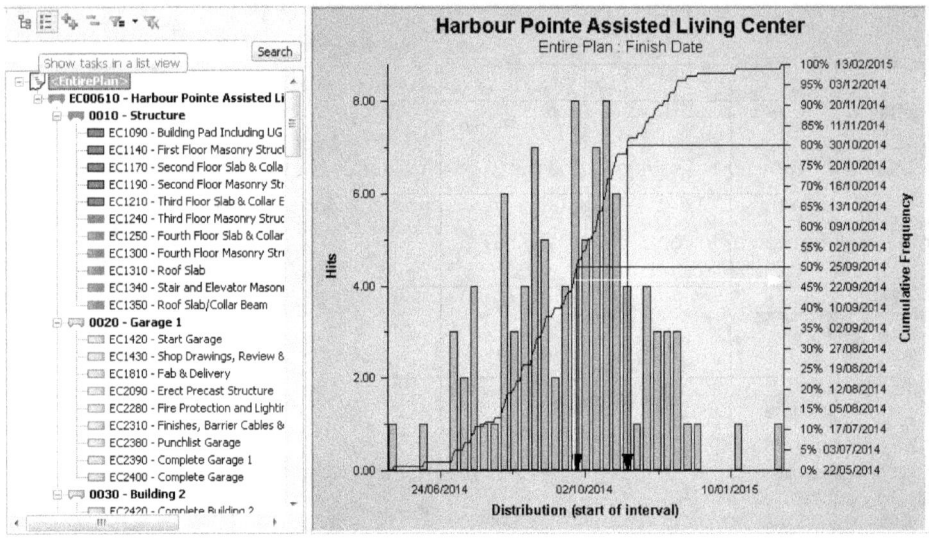

Ilustração 79 - Análise quantitativa de risco

O software de análise quantitativa de risco pode estatisticamente processar dados de ferramentas qualitativas. Muitas ferramentas de análise quantitativa de risco realizam simulações Monte Carlo para determinar como irão os riscos afetar o cronograma. Um dos métodos de modelar os riscos e a incerteza denomina-se Metodologia de Cadeia de Eventos.

De acordo com esta metodologia, uma atividade em muitos projetos reias não é um processo uniforme contínuo. É afetada pelos eventos externos, que mudam a atividade de um estado para outro. Estes eventos devem ser adequadamente capturados num software de gestão qualitativa de risco. Os eventos podem criar outros eventos, que irão criar cadeias de eventos. Estas cadeias de eventos irão alterar significativamente o curso do projeto. A identificação destas cadeias críticas de eventos torna possível mitigar os seus efeitos negativos.

A GESTÃO DE RISCO NO P6 PROFESSIONAL

O P6 inclui uma funcionalidade integrada de Gestão de Risco que permite a identificação, categorização e priorização dos riscos com a atribuição de uma pessoa responsável pela sua gestão. Permite ainda atribuir o risco a mais do que uma atividade que possa ser atingida pelo evento de risco e conduzir uma análise qualitativa a cada um dos riscos com registo das ações de resposta ao risco executadas.

O Primavera gera um 'Risk Score' com base na informação introduzida para cada risco. O 'Risk Score' pode então ser utilizado para auxiliar na avaliação da significância do risco. Os valores globais deste resultado de risco estão baseados nos valores de três campos: Probabilidade, Cronograma e Custo. Dois destes campos, o Custo e o Cronograma, são conhecidos como os campos de Impacto.

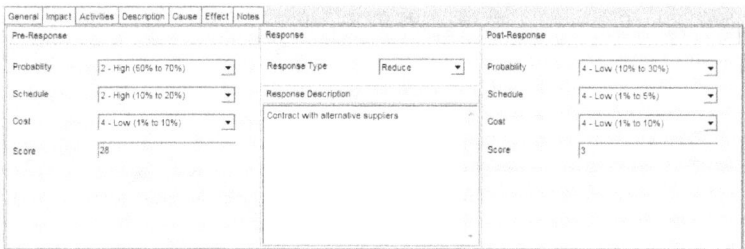

Ilustração 80 - Risk Score

O campo de Probabilidade e cada um dos campos de Impacto têm estes valores possíveis: Muito Alto, Alto, Médio, Baixo, Muito Baixo e Negligenciável. A aplicação irá usar como valor de impacto global o valor maios alto dos campos de Custo e Cronograma. A aplicação determina o resultado calculando o valor de impacto global com o valor introduzido para a probabilidade.

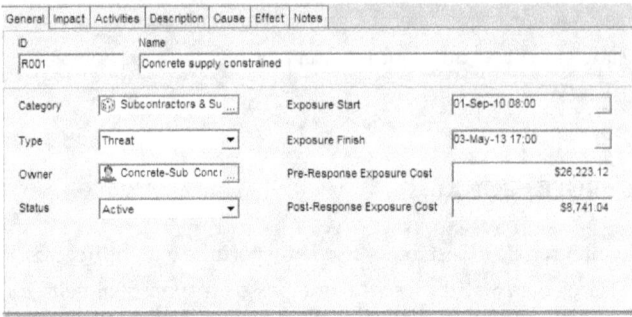

Ilustração 81 - Custo do Risco

A aplicação calcula o potencial custo de um risco, que é mostrado no separador General, nos campos de 'Pre-Response Exposure Cost' e 'Post-Response Exposure Cost', sendo que o segundo campo só é alimentado depois de uma resposta ter sido realizada no campo de 'Pos-Response' do separador de 'Impact'.

O valor para o campo de custo da exposição é baseado nos valores selecionados para os campos de Probabilidade e Custo, que estão localizados no separador Impact e nos números de custo associados com as atividades a que o risco foi atribuído.

Anexos

Atalhos do Primavera P6

Atalho para Menus	Atalho	Menu	Atalho
File Menu	Alt+F	New Project	Ctrl+N
Edit Menu	Alt+E	Open Project	Ctrl+O
View Menu	Alt+V	Print	Ctrl+P
Tools Menu	Alt+T	Exit	Alt+F4
Help Menu	Alt+H	Commit	F10
		Refresh	F5
EDIT MENU	**SHORTCUT**	**INSERT MENU**	**SHORTCUT**
Cut Activity	Ctrl+X	New Activity	Ins
Paste Activity	Ctrl+V		
Delete Activity	Del		
Find	Ctrl+F		
HELP MENU	**SHORTCUT**	**TOOLS MENU**	**SHORTCUT**
Contents e Index	F1	Schedule Now	F9
		Level Resources	Shift+F9

FIGURAS

GLOSSÁRIO DE TERMOS TÉCNICOS

Agendamento – Schedule: Um agendamento é uma lista das milestones, atividades e entregáveis do projeto, usualmente ordenados com data de início e fim pretendidas. Estes itens são frequentemente estimados em termos de alocação de recursos, orçamento e duração, ligados por dependências e eventos de agendamento.

Análise de Caminho Crítico – Critical Path Analysis: A análise do agendamento de um projeto pelo seu caminho crítico visa entender se o projeto pode ser completado em tempo e quais as atividades chave ou milestones são um risco para a conclusão atempada do projeto. Uma análise avançada pode considerar caminhos quase críticos ou outros caminhos de risco do projeto.

Agendamento Mestre – Master Schedule: Um agendamento de alto nível sumarizado ou um plano que é a combinação de outros sub-agendamentos independentes.

Atividades - Activity: Uma atividade ou processo que deve ser concluído num período de tempo determinado como parte do trabalho para um objetivo de projeto mais amplo. Uma atividade pode ser atribuída a um recurso (s) e ter um custo associado. As atividades são ordenadas com ligações lógicas.

Atividade crítica – Critical Activity: Uma atividade que está no caminho crítico do projeto.

Atividade de Nível de Esforço – Level of Effort Activity: Uma atividade de suporte de projeto que é realizada em supoirte de outras atividades ou do esforço de todo o projeto.

Caminho crítico – Critical Path: O caminho crítico do projeto é a sequência da rede de atividades que constituem a maior duração total. Isto determina o tempo mais curto para concluir o projeto.

Compras – Procurement: O Procurement (termo usado genericamente) é a aquisição de materiais, serviços ou trabalhos de uma fonte externa. É favorável que os materiais, serviços ou trabalhos sejam os apropriados e que sejam comprados ao melhor custo possível para responder às necessidades do comprador em termos de qualidade, quantidade, tempo e localização.

Conclusão Física – Physical Completion: Progresso avaliado por uma medição física.

Controlo do Projeto – Project Control: A definição e monitorização dos entregáveis em custo e agendamento, a identificação e antecipação de variâncias e implementação de ações preventivas e de recuperação por mudanças aprovadas.

Critical Path Method (CPM) Scheduling: Uma técnica de modelação de projeto e algoritmo para agendar um conjunto de atividades de projeto. Desenvolvido nos finais dos anos 50 do século passado, a técnica pretende construir um modelo de um projeto que contem:

1. Uma work breakdown structure),

2. O tempo (duração) que cada atividade da rede levarão para completar,

3. As dependências entre as atividades e,

4. Pontos de fim lógicos como milestones ou items de entrega. O método de agendamento CPM (Critical Path Method) usa então um algoritmo que calcula as datas mais cedo e mais tarde para cada atividadedeforma a determinar o caminho crítico do projeto.

Contingência de Agendamento – Schedule Contingency: Duração extra que é adicionada ao plano base do agendamento do projeto durante a fase de planeamento para reduzir o impacto de eventos imprevisíveis.

Custo Planeado – Planned Cost: Um custo estimado aprovado para o projeto ou items que serão usados.

Custo orçamentado – Budgeted Cost: A quantia planeada de avanço e colocada para executar uma atividade ou todo um projeto do princípio ao fim.

Custo comprometido – Committed Cost: Um custo que ainda não foi pago, mas um acordo, tal como uma encomenda ou um contrato, foi feito, de tal forma que o custo já não é recuperável.

Custos Incorridos – Incurred Cost: despesas incorridas com atividades do projeto.

Custo Real – Actual Cost: A quantia real paga ou incorrida por trabalho ou materiais.

Curva-S – S-Curve: Gráfico cumulativo no tempo para monitorizar o progresso global de acordo com o planeado para: custo, horas-homem, materiais, etc. O CP1/SP1 pode ser calculado a partir da variância nesta forma de gráfico.

Data constrangida – Date Constraint: uma restrição de data imposta à data de início ou de fim de uma atividade num software de agendamento. A aplicação de um constrangimento irá trocar a data computada com a data imposta pelo utilizador. Frequentemente é usado pata impor uma data limite ou atrasar atividades num plano.

Data Objetivo – Target Date: Uma data fixa ou deadline para uma atividade.

Doubled resource estimated duration (DRED): Mede a dimensão da duração de uma atividade se for duplicado o nível de recursos.

Duração – Duration: o número de períodos de calendário que leva (ou está estimado levar) desde o tempo de início de execução de um elemento até ao momento em que é completado.

Engenheiro de Planeamento – Planning Engineer: Um engenheiro especialista que desenvolve as escalas de tempo do projeto e as gere com o uso de um pacote de software.

Estrutura de Decomposição de Custo – Cost Breakdown Structure (CBS): uma decomposição do projeto em elementos de custo para planeamento do controlo de custos. Uma CBS desconstruirá o projeto em vários elementos de custo tais como área, fase, disciplina ou materiais.

Espera – Lag: Um atraso agendado numa ligação lógica em que uma atividade sucessora será atrasada relativamente à atividade predecessora.

Estimativa – Estimate: Avaliação das quantidades esperadas, tempo e horas-homem, com custos e provisões para incumprimentos esperados.

Estimado para Conclusão – Estimate to Complete: A estimativa dos custos, horas-homem ou quantidades para a conclusão de um âmbito determinado.

Extensões de Tempo – Extensions of Time: Uma extensão de tempo contratual para refletir reclamações acordadas ou mudanças de âmbito. Algumas vezes utilizada para minimizar o risco de invocar clausulas de penalidade.

Fins em aberto – Open ends: Quaisquer atividades de um projeto sem uma atividade predecessora ou uma sucessora.

Fim Mais Cedo – Early Finish: o tempo mais cedo em que uma atividade pode ser concluída dentro da lógica e metas impostas pela rede.

Fim Mais Tarde – Late Finish: A data mais tarde em que uma atividade deve terminar sem afetar a meta de data de fim do projeto.

Folga – Float: Folga é a quantidade de tempo que uma atividade numa rede de projeto pode ser atrasada sem causar um atraso a: atividades subsequentes (folga livre – free float) ou a data de conclusão do projeto (folga total – total float).

Folga Livre – Free Float: A quantidade de tempo de decorre desde a conclusão de uma atividade agendada previamente e se estende até ao ponto no qual se localiza aa próxima atividade que se deve iniciar.

Folga Total – Total Float: A Folga Total é a diferença entre a data de fim da última atividade no caminho crítico e a data de conclusão do projeto.

Gantt Chart: Um gráfico de atividades baseado no tempo em que uma série de linhas horizontais mostram a quantidade de trabalho realizado ou de produção completada em certos períodos em relação com a quantidade planeada para esses períodos.

Gráfico de barras – Bar Chart: Um gráfico em que as atividades são representadas por barras. A dimensão das barras é representada pela duração da atividade.

Histograma – Histogram: Gráfico de barras indicando os recursos de mão-de-obra estimados ou reais ou custos no tempo.

Início Mais Cedo – Late Start: A data mais tarde para uma atividade se iniciar sem afetar a meta de data de fim do projeto.

Impacto da Mudança – Change Impact: o efeito de uma mudança no projeto no custo, agendamento e recursos.

Início Mais Cedo – Early Start: O tempo mais cedo para que uma atividade seja iniciada dentro da lógica e metas impostas pela rede.

Indiretos – Indirects: Custos indiretos são custos que não são diretamente contabilizáveis a uma atividade ou pacote de trabalho. Os custos indiretos podem ser fixos ou variáveis. Os custos indiretos incluem administração e gestão de recursos humanos. Estes são custos que não se relacionam diretamente com a produção. Alguns custos indiretos podem ser despesas gerais. Alguns custos de overhead podem ser atribuídos diretamente a um projeto e são custos diretos.

Indicador Chave de Performance – KPI : Um Indicador Chave de Performance é um tipo de medida de performance. Os KPI avaliam o sucesso de uma organização ou de uma atividade particular em que se envolve.

Marco – Milestone: Um evento para marcar pontos específicos no tempo ao longo da escala de tempo de um projeto. Estes pontos podem assinalar âncoras tais como o início do projeto a data de fiom, uma necessidade para revisão externa ou input e verificações de orçamento, entre outros. Em muitas instâncias, as milestones não afetam a duração do projeto. Ao contrário, focam-se em pontos maiores de progresso que devem ser alcançados para atingir o sucesso.

Método de Diagrama de Precedência – Precedence Diagramming Method (PDM): O Método de Diagrama de Precedência é uma técnica de diagrama de rede usada para estabelecer a ordem de execução nos agendamentos de projeto. Os diagramas de rede PDM usam caixas, referidas como nós, para representar atividades e liga-os com setas que representam as dependências entre as atividades.

Mudança estimada – Change Estimate: Uma estimativa que avalia a mudança potencial a um projeto. Invariavelmente foca-se nas mudanças no Custo, Agendamento e Recursos.

Nivelamento de Recursos – Resource Leveling: Um processo que usa a análise de recursos e que tem o propósito de remover ou reduzir a sobre-alocação de recursos através do ajustamento das datas de início e fim das atividades com recursos atribuídos.

Nó – Loop: Um erro lógico quando uma atividade sucessora tenta iniciar antes da atividade predecessora.

Pacote de Trabalho – Work Package: Um Pacote de Trabalho (WP) é um subconjunto do projeto que pode ser atribuído a uma parte específica para execução. Devido à similaridade, os pacotes de trabalho são dificilmente identificados nos projetos.

Pedidos de Mudança aprovados – Approved Change Requests: Documentos de mudanças aprovadas efetuadas ao contrato do projeto como um todo (custo, agendamento e plano). Estas são primeiro revistas por todos os stakeholders antes de serem aprovadas.

Passo Detrás – Backward Pass (Backward Plan): Processo de cálculo de caminho crítico que calcula as datas mais cedo para as atividades na rede. Trabalha para trás para encontrar atividades que começam mais tarde e as datas de fim e folga.

Passo à Frente – Forward Pass: O primeiro passo do algoritmo de cálculo do agendamento de CPM. O passo para a frente calcula o início mais cedo e o fim mais cedo de cada atividade.

Pedidos de Mudança Potenciais – Potential Change Requests: Documentação que monitoriza as mudanças potenciais dos custos estimados, recursos ou fornecimentos do projeto. Permite identificar quaisquer impactos antecipados ao âmbito do projeto. Quando revistas pelos stakeholders, pode ser emitido um pedido de mudança para permitir a implementação dessas mudanças.

Percentagem de Conclusão por Pesos – Weighted Percent Complete: Medida do progresso de conclusão geral que usa pesos nas atividades para normalizar atividades diversas.

Percentagem de conclusão – Percent Complete: Um valor de percentagem entre 0 e 100 que indica a conclusão parcial, de uma atividade ou pacote de trabalho.

PERT: Programme Evaluation and Review Technique é uma ferramenta estatísitica usada em gestão de projeto que foi desenhada para analisar e representar as atividades envolvidas em completar o dado projeto. Foi desenvolvida pela United States Navy nos anos 1950 e é regularmente usada em conjunção com o método de caminho (CPM).

Planeamento – Planning: O Planeamento de pprojeto é parte da Gestão de Projeto , que se relaciona com o uso de agendamentos como gráficos de Gantt para planear e reportar subsequentemente o progresso dentro do ambiente de projeto. Inicialmente, o âmbito do projeto é definido e são determinados métodos apropriados de conclusão do projeto.

Plano base – Base Line: Um conjunto de datas e custos congelados no início do projeto e usados como base para a avaliação da performance conforme progride o projeto.

Predecessor(s): Uma atividade predecessora é uma atividade que determina a data de início ou de fim da atividade seguinte com base na relação lógica.

Rede de Projeto – Network (Project Network): uma rede de projeto é um gráfico (de fluxos) que apresenta a sequência em que os elementos terminais de um projeto devem ser concluídos mostrando esses elementos e as suas dependências. É sempre desenhada da esquerda para a direita para refletir a cronologia do projeto.

Relacões entre Atividades – Activity Relationship: Uma ligação ordenada entre 2 atividades representando a ordem de execução. Os 4 tipos de relação são: FS – Finish to Start SS – Start to Start FF – Finish to Finish SF – Start to Finish.

Risco de Agendamento – Schedule Risk: Eventos de risco que poem em questão completamente o projeto em tempo.

Simulação Monte Carlo – Monte Carlo Simulation: Um método probabilístico computorizado utilizado na modelação de risco.

Sobreposição – Lead: A quantidade de tempo em que uma atividade sucessora pode ser avançada relativamente à predecessora. Frequentemente referido como espera negative.

Sumária – Hammock: Uma atividade, ligando o início de uma série de atividades ao fim de uma rede de atividades e em que a duração reflete o tempo global e a lógica relacionada da série, num estágio de plano e nas etapas subsequentes de monitorização.

Tempo Perdido – Lost Time: Tempo produtivo perdido devido a condições meteorológicas más, problemas laborais, falha de equipamento ou outra causa.

Trabalho direto – Direct Labour: (1) Trabalho que pode ser diretamente ligado com o output de um centro de custo produtivo, comparado com o trabalho indireto que não se relaciona diretamente com esse output. (2) Trabalho empregue diretamente pelo dono ou empreiteiro geral, em oposição ao trabalho do sub-empreiteiro.

Work Breakdown Structure (WBS): WBS é uma decomposição do projeto hierárquica e incremental em fases, entregáveis e pacotes de trabalho. É uma estrutura em árvore que mostra a subdivisão do esforço requerido para alcançar um objetivo: por exemplo um programa, projeto ou contrato.

GLOSSÁRIO DE ACRÓNIMOS

AA - Advance Agreement

ACWP - Actual cost of work performed

ASAP - As-Soon-As-Possible

BAC - Budget at Completion

BCWP - Budgeted Cost of Work Performed

BCWS - Budgeted cost of Work Scheduled

BEI - Baseline Execution Index

BRP - Baseline Revision Percentage

CA - Control Accounts

CAP - Corrective Action Plans

CAR - Corrective Action Requests

CBB - Contract Budget Base

CDR - Critical Design Review

CFSR - Contract Funds Status Report

CM - Construction Manager

CMAR - Construction Manager at Risk

CMO - Contract Management Office

CPI - Cost Performance Index

CPL - Critical Path Length

CPLI - Critical Path Length Index

CPR - Contract Performance Report

CRI - Compliance Review Instruction

CV - Cost Variance

CWBS - Contract Work Breakdown Structure

DAES - Defense Acquisition Executive Summary

DCMA - Defense Contract Management Agency

DID - Data Item Description

EAC - Estimate at Completion

EOM - End of Month

EOY - End of Year

EPS – Enterprise Project Structure

ESCP - EVMS - Specialist Certification Program

EV - Earned Value

EVMS - Earned Value Management System

EVMSPAP - EVMS - Program Analysis Pamphlet

EVT - Earned Value Technique

FF - Finish-to-Finish

FNET - Finish-No-Earlier-Than

FNLT - Finish-No-Later-Than

FS - Finish-to-Start

IBR - Integrated Baseline Review

IEAC - Independent Estimate at Completion

IMS - Integrated Master Schedule

LOA - Letter of Acceptance

LOE - Level of Effort

LRE Latest Revised Estimate

MFO - Must-Finish-On

MPS - Major Program Support

MSO - Must-Start-On

OBS – Organizational Breakdown Structure

OTB - Over Target Baseline

PAR - Program Assessment Report

PDR - Preliminary Design Review

%comp - Percent Complete

%MR - Management Reserve

PI - Performance Indicator

PMB - Performance Measurement Baseline

PST - Programs Support Teams

SF - Start-to-Finish

SME – Subject Matter Expert

SNET - Start-No-Earlier-Than

SNLT - Start-No-Later-Than

SPI - Schedule Performance Index

SS - Start-to-Start

SSI - Standard Surveillance Instruction

SV - Schedule Variance

TAB - Total Allocated Budget

TCPI - To Complete Performance Index

TF - Total Float

VAC - Variance at Completion

VR - Validation Reviews

WBS - Work Breakdown Structure

Bibliografia

P6 Professional Users Guide, online verrsion

Oracle Primavera P6 Project Management, Reference Manual Version 7.0, 2009

ÍNDICE DE REFERÊNCIA